U0252229

中国国家公园体制建设研究丛书
Research Series on Development of China's National Park System

Research on Concession Mechanisms
for Commercial Services in
China's National Parks

中国国家公园
特许经营机制
研究

张海霞 —— 著

中国环境出版集团·北京

图书在版编目（CIP）数据

中国国家公园特许经营机制研究/张海霞著. —北京：
中国环境出版集团，2018.10
（中国国家公园体制建设研究丛书）
ISBN 978-7-5111-3677-0

Ⅰ．①中… Ⅱ．①张… Ⅲ．①国家公园—特许
经营—研究—中国 Ⅳ．①S759.992

中国版本图书馆 CIP 数据核字（2018）第 105071 号

出 版 人 武德凯
责任编辑 李兰兰
责任校对 任 丽
封面制作 宋 瑞

更多信息，请关注
中国环境出版集团
第一分社

出版发行 **中国环境出版集团**
（100062 北京市东城区广渠门内大街 16 号）
网 址：http://www.cesp.com.cn
电子邮箱：bjgl@cesp.com.cn
联系电话：010-67112765（编辑管理部）
010-67112735（第一分社）
发行热线：010-67125803，010-67113405（传真）
印 刷 北京中科印刷有限公司
经 销 各地新华书店
版 次 2018 年 10 月第 1 版
印 次 2018 年 10 月第 1 次印刷
开 本 787×1092 1/16
印 张 8.25
字 数 150 千字
定 价 37.00 元

踏上国家公园体制改革新征程

自 1872 年世界上第一个国家公园诞生以来，由于较好地处理了自然资源科学保护与合理利用之间的关系，国家公园逐渐成为国际社会普遍认同的自然生态保护模式，并被世界大部分国家和地区采用。目前已有 100 多个国家建立了近万个国家公园，并在保护本国自然生态系统和自然遗产中发挥着积极作用。2013 年 11 月，党的十八届三中全会首次提出建立国家公园体制，并将其列入全面深化改革的重点任务，标志着中国特色国家公园体制建设正式起步。

4 年多来，国家发展和改革委员会会同相关部门，稳步推进改革试点各项工作，并取得了阶段性成效。特别是 2017 年，国家发展和改革委员会会同相关部门研究制定并报请中共中央办公厅、国务院办公厅印发《建立国家公园体制总体方案》（以下简称《总体方案》），从成立国家公园管理机构、提出国家公园设立标准、编制全国国家公园总体发展规划、制定自然保护地体系分类标准、研究国家公园事权划分办法、制定国家公园法等方面提出了下一步国家公园体制改革的制度框架。

回顾过去 4 年多的改革历程，我国国家公园体制建设具有以下几个特点。

一是对现有自然保护地体制的改革。建立国家公园体制是对现有自然保护地体制的优化，不是推倒重来，也不是另起炉灶，更不是对中华人民共和国成立以来我国自然生态系统和自然文化遗产保护成就的否定，而是根据新的形势需要，对保护管理的体制机制进行探索创新，对自然保护地体系的分类设置进行改革完善，探索一条符合中国国情的保护地发展道路，这是一项"先立后破"的改革，有利于保护事业的发展，更符合全体中国人民的公共利益。

　　二是坚持问题导向的改革。中华人民共和国成立以来，特别是改革开放以来，我国的自然生态系统和自然遗产保护事业快速发展，取得了显著成绩，建立了自然保护区、风景名胜区、自然文化遗产、森林公园、地质公园等多种类型保护地。但自然保护地主要按照资源要素类型设立，缺乏顶层设计，同一类保护地分属不同部门管理，同一个保护地多头管理、碎片化现象严重，社会公益属性和中央地方管理职责不够明确，土地及相关资源产权不清晰，保护管理效能低下，盲目建设和过度利用现象时有发生，违规采矿开矿、无序开发水电等屡禁不止，严重威胁我国生态安全。通过建立国家公园体制，推动我国自然保护地管理体制改革，加强重要自然生态系统原真性、完整性保护，实现国家所有、全民共享、世代传承的目标，十分必要也十分迫切。

　　三是基于自然资源资产所有权的改革。明确国家公园必须由国家批准设立并主导管理，并强调国家所有，这就要求国家公园以全民所有的土地为主体。在制定国家公园准入条件时，也特别强调确保全民所有的自然资源资产占主体地位，这才能保证下一步管理体制调整的可行性。原则上，国家公园由中央政府直接行使所有权，由省级政府代理行使的，待条件成熟时，也要逐步过渡到由中央政府直接行使。

　　四是落实国土空间开发保护制度的改革。党的十八届三中全会《中共中央关于全面深化改革若干重大问题的决定》中关于建立国家公园体制的完整表述是"坚定不移实施主体功能区制度，建立国土空间开发保护制度，严格按照主体功能区定位推动发展，建立国家公园体制"。建立国家公园体制并非在已有的自然保护地体系上叠床架屋，而是要以国家公园为主体、为代表、为龙头去推动保护地体系改革，从而建立完善的国土空间开发保护制度，推动主体功能区定位落地实施，使得禁止开发区域能够真正做到禁止大规模工业化、城镇化开发建设，还自然以宁静、和谐、美丽，为建设富强、民主、文明、和谐、美丽的现代化强国贡献力量。

　　2015 年以来，国家发展和改革委员会会同相关部门和地方在青海、吉林、黑龙江、四川、陕西、甘肃等地开展三江源、东北虎豹、大熊猫、祁连山等 10 个国家公园体制试点，在突出生态保护、统一规范管理、明晰资源权属、创新经营管理、促进社区发展等方面取得了一定经验。同时，我们也要看到，建立统一、规范、高效的中国特色国家公园体制绝不是敲锣打鼓就可以实现的，不可能一蹴而就，必须通过不断深化研究、总结试点经验来逐步优化完善，在统一规范管理、建立财政保障、明确产权归属、完善法律制度等管理体制上取得实质性突破，在标准规范、规划管理、特许经营、社区发展、人才保障、公众参与、监督管理、交流合作等运行机制上进行大胆创新，把中国国家公园体制的"四梁八柱"建立起来，补齐制度"短板"。

为此，国家发展和改革委员会会同保尔森基金会和河仁慈善基金会组织清华大学、北京大学、中国人民大学、武汉大学等著名高校以及中国科学院、中国国土资源经济研究院等科研院所的一批知名专家，针对国家公园治理体系、国家公园立法、国家公园自然资源管理体制、国家公园规划、国家公园空间布局、国家公园生态系统和自然文化遗产保护、国家公园事权划分和资金机制、国家公园特许经营以及自然保护管理体制改革方向和路径等课题开展了认真研究。在担任建立国家公园体制试点专家组组长的时候，我认识了其中很多的学者，他们在国家公园相关领域渊博的学识，特别是对自然生态保护的热爱以及对我国生态文明建设的责任感，让我十分钦佩和感动。

此次组织出版的系列丛书也正是上述课题研究的重要成果。这些研究成果，为我们制定总体方案、推进国家公园体制改革提供了重要支撑。当然，这些研究成果的作用还远未充分发挥，有待进一步实现政策转化。

我衷心祝愿在上述成果的支撑和引导下，我国国家公园体制改革将会拥有更加美好的未来，也衷心希望我们所有人秉持对自然和历史的敬畏，合力推进国家公园体制建设，保护和利用好大自然留给我们的宝贵遗产，并完好无损地留给我们的子孙后代！

朱之鑫

原中央财经领导小组办公室主任

国家发展和改革委员会原副主任

序　言

　　经过近半个世纪的快速发展，中国一跃成为全球第二大经济体。但是，这一举世瞩目的成就也付出了高昂的资源和环境代价：野生动植物栖息地破碎化、生物多样性锐减、生态系统服务和功能退化、环境污染严重。经济发展的资源环境约束不断趋紧，制约着中国经济社会的可持续发展。如何有效地保护好中国最具代表性和最重要的生态系统与生物多样性，为中华民族的子孙后代留下这些宝贵的自然遗产成为亟须应对的严峻挑战。引入国际上广为接受并证明行之有效的国家公园理念，改革整合约占中国国土面积20%的各类自然保护地，在统一、规范和高效的原则指导下构建以国家公园为主体的自然保护地体系是中共十八届三中全会提出的应对这一挑战的重要决定。

　　国家公园是人类社会保护珍贵的自然和文化遗产的智慧方式之一。自 1872 年全球第一个国家公园在壮美蛮荒的美国黄石地区建立以来，在面临平衡资源保护与可持续利用的百般考验和千般淬炼中，国家公园脱颖而出，成为全球最具知名度、影响力和吸引力的自然保护地模式。据不完全统计，五大洲现有国家公园 10000 多处，构成了全球自然保护地体系最具生命力的一道亮丽风景线，是地球母亲亿万年的杰作——丰富的生物多样性和生态系统以及壮美的地质和天文景观——的庇护所和展示窗口。

　　因为较好地平衡了保护和利用的关系，国家公园巧妙地实现了自然和文化遗产的代际传承。经过一个多世纪的洗礼，国家公园的理念不断演变，内涵日渐丰富，从早期专注自然生态保护到后期兼顾自然与文化遗产保护，到现在演变成兼具资源保护和为人类提供体验自然和陶冶身心等多重功能。同时，国家公园还成为激发爱国热情、培养民族自豪感的最佳场所。国家公园理念在各国的资源保护与管理实践中得以不断扩展、凝练和升华。

　　中国国家公园体制建设既需要与国际接轨，又应符合中国国情。2015 年，在国家公园体制建设工作启动伊始，保尔森基金会与国家发展和改革委员会就国家公园体制建设签订了合作框架协议，旨在通过中美双方合作开展各类研究与交流活动，科学、有序、高效地推进中国的国家公园体制建设，提升和完善中国的自然保护地体系，实现自然生态系统和文化遗产的有效保护和合理利用。在过去约 3 年的时间里，在河仁慈善基金会的慷慨资助下，双方共同委托国内外知名专家和研究团队，就中国国家公园体制建设顶层设计涉及的十几个重要领域开展了系统、深入的研究，包括国际案例、建设指南、空间规划、治理体系、立法、规划编制、自然资源管理体制、财政事权划分与资金机制、特许经营机制、自然保护管理体制改革方向和路径研究等，为中国国家公园体制建设奠定了良好的基础。

　　来自美国环球公园协会、国务院发展研究中心、清华大学、北京大学、同济大学、中国科学院生态环境研究中心、西南大学等 14 家研究机构和单位的百余名学者和研究人员完成了 16 个研究项目。现将这些研究报告集结成书，以飨众多关心和关注中国国家公园体制建设的读者，并希望对中国国家公园体制建设的各级决策者、基层实践者和其他参与者有所帮助。

　　作为世界上最大的两个经济体，中美两国共同肩负着保护人类家园——地球的神圣使命。美国在过去 140 年里积累的经验和教训可以为中国国家公园体制建设提供借鉴。我们衷心希望中美在国家公园建设和管理方面的交流与合作有助于增进两国政府间的互信和人民之间的友谊。

　　借此机会，我们对所有合作伙伴和参与研究项目的专家们致以诚挚的感谢！特别要感谢国家发展和改革委员会原副主任朱之鑫先生和保尔森基金会主席保尔森先生对合作项目的大力支持和指导，感谢河仁慈善基金会曹德旺先生的慷慨资助和曹德淦理事长对项目的悉心指导。我们期待着继续携手中美合作伙伴为中国的国家公园体制建设添砖加瓦，使国家公园成为展示美丽中国的最佳窗口。

　　　　　　　彭福伟　　　　　　　　　　　　　牛红卫

　　国家发展和改革委员会　　　　　　　　保尔森基金会

　　　社会发展司副司长　　　　　　　　　　环保总监

作者序

我国自 2013 年十八届三中全会提出"建立国家公园体制"的目标任务,到 2018 年《国务院机构改革方案》提出组建国家林业和草原局,加挂国家公园管理局牌子,历经五年的改革攻坚,建立国家公园体制取得了突破性进展。国家公园体制改革的推进标志着我国生态治理理念与能力的进步,是彰显新时代国家治理形象的伟大成果。

迈入国家公园时代后,国家公园的保护、利用、可持续发展等问题提上日程。为实现国家公园全民公益性前提下的统一、规范、高效发展,研究建立科学的国家公园特许经营机制十分必要,实施特许经营机制具有鲜明的国家意义、环境意义和社会意义。

为此,本书尝试梳理国外国家公园特许经营制度的发展经验,评估国内现状,从目标实现与问题、原则与范围、权力配置与制度保障三方面剖析国家公园特许经营机理,研究提出构建我国国家公园特许经营机制的对策建议。

研究发现,国家公园特许经营机制的实施能有效改善国家公园的经营现状,带动地方经济的发展。但是推动国家公园特许经营制度的科学发展,必须处理好三组关系:一是公开竞标与自然垄断的关系,科学设置优选规则;二是合同约束与权利放任的关系,建立监督与纠偏机制;三是公益导向与竞争激励的关系,科学确定最优资金机制。

中国自然保护地特许经营管理,从管理范畴层面看,存在将自然资源国家公产等同于自然资源国家私产,扩大特许经营项目内涵,或将政府购买服务等同于特许经营,扩大特许经营项目外延等伪特许经营的问题。从管理体制机制层面看,存在政府"合法性危机"、宏观层面特许经营管理职能交叉、维持社会正义性上的政府缺位、诚信监管不足、资金机制不当等问题。从法律关系层面看，存在法理属性模糊和合同期限欠合理等问题。

为全面贯彻党的十九大提出的"建立以国家公园为主体的自然保护地体系"及相关文件精神，提高国家公园内资源资产的经营利用水平和公众游憩体验质量，对国家公园内非消耗性资源利用活动管理实施特许经营制度，进入国家公园内从事经营活动的企业、组织或个人都需获得特许经营资格，依法办理手续后方可从事经营活动。特许经营项目主要集中于餐饮、住宿、生态旅游、低碳交通、商品销售及其他等六个领域。特许经营方式包括授权、租赁和活动许可。实施分级分类管理模式，由国家公园管理局下设特许经营管理部门，负责全国国家公园特许经营事务的集中统一管理，国家公园地方管理机构负责日常管理。

应当建立国家公园特许经营合同管理机制。要明确特许经营合同的前置环节，编制特许经营实施方案，构建更具适应性的管理模式，建立公平有序的招评标机制；推进合同规范管理，明确双方权利义务，约定特许合同服务期限；实施特许经营合同流程管理，简化合同审批程序、严格合同履行监督、规范合同变更与续约程序。

应当建立国家公园特许经营资金管理机制。开展特许经营权价值评估工作，评估国家公园内的资源资产，科学确定特许经营费；规范特许经营收支管理，实施部门预算管理，严格资金用途管理，建设收缴电子化平台，开展征管质量考评；完善特许经营的价格管理，实施政府指导价，规范价格调整程序，推动信息公开。

应当完善国家公园特许经营保障机制。出台《国家公园特许经营管理办法草案》和《国家公园特许经营收入管理与使用办法》等条例办法，加强风险防控管理，强化人才技术支持。各国家公园应当在总体规划基础上，尊重并科学利用公园内的自然与文化资源，结合功能分区和游客流量控制方案，研究编制《国家公园特许经营项目实施方案》。

本研究的启动与推进得益于诸多前辈、同行和领导的支持。首先特别感谢中国科学院地理科学与资源研究所钟林生研究员。2015 年合作《钱江源国家公园总体规划》时，钟老师鼓励我立足旅游管理的学科出身，进一步关注国家公园特许经营领域，使我较早开始思考我国国家公园特许经营机制这一问题。也要感谢国家发展和改革委员会社会发展司彭福伟副司长和袁溪处长。2014 年因博士学位论文《国家公园的旅游规制研究》结识，两位风尘仆仆到杭州讨论中国国家公园体制改革问题，对于刚获得博士学位不久的我是莫大的鼓励。新时代中国发展进程中，青年学者能以绵薄之力，面朝大海，始于足下，为脚下的土地奉献力量，是极其幸运之事。

在本书撰写过程中，彭福伟副司长给予了鼓励和肯定，再次表示感谢。保尔森基金会的牛红卫环保总监、于广志博士对研究成果进行了非常严格的审核，并提出了宝贵的意见，更感谢牛老师对课题成果深化研究的鼓励，于广志博士的超强精力和敬业精神更是深深地影响了我。感谢美国国家公园管理局的 Rudy D'Alessandro 先生、汪昌极先生对我在美访学期间开展美国国家公园管理局调研给予的安排、鼓励、支持和帮助。感谢普达措国家公园唐华局长、宝福号主任、丁文东科长、侯寿鹏总经理，感谢神农架国家公园郑成林副局长、唐泄主任为课题调研提供的支持；感谢开化县委书记项瑞良、常务副县长余建华、钱江源国家公园管理委员会主任鲁霞光、副主任汪长林、综合办主任朱建平、钱江源国家公园体制试点领导小组办公室主任余永建、副主任江红，以及鲍秀英、童炜鑫、谢剑峰、劳虓虓、金一星、周奕等诸位领导的支持。正是开化县领导多年来对钱江源国家公园创设坚持不懈的攻坚精神，为我们开展国家公园体制机制研究提供了宝贵的素材。

非常荣幸在课题联合调研及多次研讨中得到平行课题组同济大学吴承照教授、中国人民大学刘金龙教授、中国国土资源经济研究院余振国所长、湖北经济学院邓毅教授、西南大学田世政副教授、北京师范大学蔚东英副教授、天恒可持续研究所万旭生老师、中国国土资源经济研究院姚霖副研究员和余勤飞博士、天恒可持续研究所宋增明研究员的关照，使我有机会向国家公园相关领域卓有建树的各位专家取经。

感谢国家发展和改革委员会社会发展司、保尔森基金会和河仁慈善基金会给予《中国国家公园特许经营机制研究》项目支持。感谢国家自然科学基金项目（41501165），其资助的遗产地福祉效力和空间增益理论探索为本书提供了有益的研究思路。感谢浙江工业大学张旭亮副研究员、浙江省发展规划研究院秦诗立副研究员、云南师范大学李庆雷副教授、浙江工商大学李秋成老师，以及研究生刘岳秀同学、唐金辉同学、张晟同学等课题组成员的辛勤努力。再次感谢保尔森基金会于广志博士和中国环境出版集团李兰兰编辑，正是两位如此认真高效的校稿，本书才能如期出版。同时也要感谢普渡大学访学期间对我学习、生活给予指导的 Xinran Lehto 教授、蔡利平教授和刘春燕、龚子兰、史洁玉等同学，以及凌俊红、杨海峰、彭琦、余佳佳、朱慧等诸多好友的陪伴，更加感谢家人的支持。

　　国家公园内实施特许经营机制有助于国家公园实现高效运营、永续利用和全民福祉等保护管理目标。本书从国家公园治理的宏观维度（战略层）提出了中国国家公园特许经营的管理体制、合同管理机制、资金管理机制和运营保障机制，以期为中国国家公园高效治理提供决策参考。在本书成稿过程中，我深感中国国家公园特许经营成功落地还需从微观维度（实践层）给出符合中国国家公园园情的更具化的管理手段和方法。后续研究除继续关注特许经营中的垄断经营、项目泛化、规制失灵等理论命题外，还将努力探索基层国家公园特许经营项目的规划与管理、经营者管理（含小微企业培育）、价格与质量管理、协调机制等职能管理问题。期待早日看到中国国家公园特许经营管理理论与实践齐发展。

张海霞

于美国西拉法耶特　普渡大学

2018 年 3 月 20 日

目　录

第 1 章　引　言

1.1　研究背景

中共十八届三中全会提出"建立国家公园体制"的目标任务，迄今 12 个省份启动了国家公园体制试点。党的十九大提出建立以国家公园为主体的自然保护地体系，十三届全国人民代表大会一次会议通过《国务院机构改革方案》，组建国家林业和草原局，加挂国家公园管理局牌子。国家公园体制建设进入攻坚期，为实现国家公园全民公益性前提下的统一、规范、高效发展，研究建立科学的国家公园特许经营机制十分必要。

1.1.1　国家意义：推动国家公园高效经营的科学工具

中国亟须构建"精准高效型"特许经营管理体制，以推动国家公园的科学运营。特许经营作为缓解国家公园建设公共财政压力、提高生态治理效率、激活社会资本活力的重要制度工具，揭示其内在机理，评估各国不同体制安排下的管理效能和各类项目适用性，根据国家公园体制试点现状精准识别特许经营项目的范围和责权关系，建立高效的特许经营管理体制，可为中国国家公园科学运营提供创新驱动。

1.1.2　环境意义：实现国家公园永续利用的机制保障

中国亟须建立"环境友好型"特许经营运营机制，以实现国家公园的永续利用。失衡不确定的契约关系和有限不稳定的资金保障是导致国家公园内经营性项目泛化，催生"纸上公园"的根源。针对中国国家公园特许经营可能面临的契约与资金约束，探索政府与特许经营受许人"对等契约关系"的实现途径，以激发政企"环境保护责任意识"为出发点构建长效的合同管理机制，以保障"绿色发展质量"为原则建立资金管理机制，可为中国国家公园开拓资源利用的永续之道。

1.1.3　社会意义：增进国家公园全民福祉的有效途径

中国亟须做出"全民共享型"特许经营制度安排，以增进国家公园的福祉效用。各国普遍重视国家公园特许经营项目的经营效率，"重经营、轻反哺"的制度倾向成为制约特许经营制度福祉效用的障碍性因素。中国如何通过制度安排让参观者享受到国家公园更高质量的游憩体验，让原居民享受到更佳的生存和发展机会，将国家公园打造成培育国民认同感和凝聚力的绿色共享空间，是事关中国国家公园福祉效用的现实命题。

1.2　概念的界定

1.2.1　国家公园

"Park"一词最早专指"urban park"，《牛津英语大词典》将"park"定义为："邻近或位于城市或县城中的具有重要意义的封闭的、经过修整布局的、用于公共游憩的地块；一种封闭的、有动物可供公众观赏（或者作为公园的主要功能，或者作为辅助的吸引物）的地块"。从词义表面上看，国家公园（national park）是由国家成立的公园，是"一国为保护自然环境而设置的地区"①。这一概念相对宽泛，至少没有与城市公园区分开来。国家公园在资源属性和基本功能上都与城市公园不同，它应当是具有一定面积和功能的自然公园，而不是一般意义上的"公共公园"，尽管两者都是为公共利益而建构的空间。由于分类系统、保护目标以及国情的差异，各国在国家公园的功能定位、具体称谓上存在差别。

根据世界自然保护联盟（International Union for Conservation of Nature，IUCN）的定义，国家公园是具有国家意义的公众自然遗产公园，它是为人类福祉与享受而划定，面积足以维持特定自然生态系统，由国家最高权力机关行使管理权，一切可能的破坏行为都受到阻止或予以取缔，访客到此观光需以游憩、教育和文化陶冶为目的并得到

---

① http://pocket.china.eb.com/cgi-bin/gs/gsweb.cgi.

批准。

　　显然,"国家公园"应为人类提供持续的自然资源、美好原生的感知环境、独特的自然文化遗产、典型的科研实验地,这些正是人类享受生态文明福祉之所在;国家公园作为公共游憩品,为人们提供游憩、休闲与旅游的自然享受空间,是个人享受生态文明的福地;国家公园由政府设置、维持与维护、管理与监督,公园内出现的所有行动都要经过科学控制和批准,是国家最高权力机关的作为空间,是政府公共服务职能和公共形象的标志;国家公园以维护具有典型性和独特性的完整生态系统为核心目标之一,其面积应足以维持自然生态系统,且应符合不小于 10 平方千米的国际标准[①];国家公园还是具有国家意义并面向公众的公园,尽管国家意义具有相对性,各国标准会略有差别,但国家公园在一国之内应具有绝对的国家意义(张海霞和汪宇明,2010)。

　　我国的国家公园是政府面向国民提供生态保护、自然教育、游憩福利的积极的公共空间建构,是自然保护地的重要类型和典型的公共产品。根据《建立国家公园体制总体方案》,中国国家公园是指"由国家批准设立并主导管理,边界清晰,以保护具有国家代表性的大面积自然生态系统为主要目的,实现自然资源科学保护和合理利用的特定陆地或海洋区域"。通过建成统一、规范、高效的中国特色国家公园体制,使中国自然保护地交叉重叠、多头管理的碎片化问题得到有效解决,国家重要自然生态系统的原真性、完整性得到有效保护,形成自然生态系统保护的新体制和新模式,促进生态环境治理体系和治理能力现代化,保障国家生态安全,实现人与自然和谐共生。建立"以国家公园为主体的自然保护地体系",这一目标定位明确了国家公园模式在自然保护地建设中的标志性作用(王毅,2018)。

1.2.2　政府特许经营

　　一般公共服务多为政府垄断或受特别法管辖的事务,由非公共机构实体提供的公共服务通常要求适当的政府机构做出授权[②],但不同国家对此种授权行为的表述存在差异,常见的有"特许权"(concession)、"特许"(franchise)、"许可"(licence)或"租约"(lease),其中 concession 在各国立法中的使用频率最高。

---

① 不同生态系统保持其完整性所需的最小面积不同,因而"完整性"是判别国家公园是否满足保护面积要求的主要依据。
② 摘自联合国国际贸易法委员会(UNCITRAL)2001 年出版的《关于私人融资基础设施项目立法指引》。

　　"政府特许经营"（government concession）指公共机构以合同或单边行为（取得第三方事前同意情况下）将通常应由其负责的全部或部分对某种服务的管理职能委托给第三方，由该第三方承担风险的经营机制[①]。

　　特许经营机制以承认授予方（政府）对特定物品的原始所有权为前提，由政府将某项公共事务的经营委托给社会资本行使，本质上是对受许方的行政授权；其产品范畴应为面向社会公众的本该由政府提供的公共资源、公共物品等准公共产品；其经营主体应为经原始权所有人——政府所授权的企业、组织或个人，被允许从事特定行为或拥有某种权利；其基本机制是通过竞标形成规定数量的排他性合同来实现；一般以提高公共产品供给效率、减少政府公共财政压力为价值目标指向。

　　理解政府特许经营的内涵，首先应厘清以下几组关系：

　　（1）政府特许与商业特许不同。根据国际特许经营协会（International Franchise Association）的定义："特许经营是特许人和受许人之间的合同关系。在这种关系中，特许人愿意或有义务对受许人的经营在诸如专有技术和培训等方面给予持续的关注；同时，特许经营者（特许经营受许人）在由特许人所拥有或控制的统一经营模式和（或）方法下经营，并且受许人已经或将要利用自有资金对自己的经营进行实质性投资"。商业特许（franchise）所涉及的主要是指与商业活动密切相关的特许，是指一种营销商品和服务的方式。从法律关系上看，商业特许经营属于私法领域，是民商法调整的范围；而政府特许经营属于公法领域，是行政调整的范围，两者在特许目标、地域范围、特许人、受许人、权利与义务等方面有诸多不同（表1-1）。

　　（2）政府特许与政府购买服务不同。政府购买服务的主要实现形式是"合同外包"（contract-out），由政府使用财政性资金付费，不具有经营性，不存在消费者支付问题。政府特许经营中有使用者付费，具有经营性，并由此产生"排他性"（只允许特许经营受许人而不允许其他机构向使用者收费），而且是政府"描述产出要求"，与特许经营受许人签订长期采购合同，受许人按合同生产本该由政府生产、提供的产品（服务），承担主要的财务与市场风险。通常特许经营项目的交易结构安排比合同外包更为复杂（仇保兴和王俊豪，2014），两者主要差别见表1-2。

[①] 摘自欧盟 2000 年的关于特许权的解释性通讯 *COMMISSION INTERPRETATIVE COMMUNICATION ON CONCESSIONS UNDER COMMUNITY LAW*（2000/C121/02）。

表 1-1 政府特许经营与商业特许经营的不同之处

项目	政府特许经营	商业特许经营
特许目标	社会公众利益	企业利益最大化
地域范围	地域性：与特许政府的行政管辖范围高度一致	全国性或全球性
特许人	拥有公用事业资源的政府	拥有注册商标、企业标志、专利、专有技术等经营资源的企业
特许人与受许人的关系	行政合同约束下的多重关系：特许人与受许人的平等主体关系、监管人与被监管人关系	民事合同约束下的平等主体关系
权利与义务	特许人权利：一般特许经营主体的平等权利 特许人义务：维护公众利益，确定产品价格；维持市场秩序，确定补贴政策 受许人权利：有权通过合法经营取得合理利润 受许人义务：提供高质量的公共产品；保障产品的稳定性和连续性；保障定价的合理性	特许人权利：有权向受许人收取合同规定的特许经营费（或称权益金） 特许人义务：向受许人提供特许经营操作手册，按约定内容和方式为受许人提供经营指导、技术支持、业务培训等服务 受许人权利：按约定使用特许人企业的商标、专利、专有技术等经营资源 受许人义务：向特许人企业缴纳一定特许经营费、维护特许人企业的经营资源和市场声誉等有形和无形资产

资料来源：仇保兴和王俊豪，2014。

表 1-2 政府特许经营与政府购买服务的主要区别

项目	政府特许经营	政府购买服务
契约形式	特许经营合同	外包合同
经营属性	经营性，消费者付费	非经营性，政府付费
支付形式	政府"描述产出要求"，特许经营者提供	政府付现

（3）政府特许与一般行政许可不同。根据 2003 年通过的《行政许可法》第 12 条，"有限自然资源开发利用、公共资源配置以及直接关系公共利益的特定行业的市场准入等需要赋予特定权利的事项可设定行政许可"。按此规定，"政府特许经营"是行政许可的一种形式。但因政府特许经营具有垄断性和排他性，受许人、特许产品（服务）的增效机制、调控方式等方面又区别于一般的行政许可（表 1-3）。政府特许经营的"许可"是一种权利授予行为，当事人可以利用这种权利去获取利益，而一般行政许可则是对既有自由权行使的限制（于安，2017）。

表 1-3　政府特许经营与一般行政许可的主要区别

项目	政府特许经营	一般行政许可
增效机制 调控方式	政府直接对特许经营权的受许人施加数量限制，仅将特许经营权授予其最满意的特许经营权申请人	政府仅对申请人设立最低标准要求且通常愿意接受尽可能多的合格申请人
	对于特许经营的产品（服务），政府通过限制市场中竞争者的数量来取得效率	需要鼓励市场竞争来取得效率
	政府与企业之间的特许经营权协议	政府通常采取强制命令和控制的方式，即不论被监管的企业同意与否，通过对企业施加强制性标准并以制裁为后盾，禁止不遵守该标准的行为

（4）政府特许与政府企业合作（Public Private Partnership，PPP）模式不同。PPP 模式指公共部门与私营部门在投资项目中建立的平等合伙关系，双方在权利、义务、风险担当、获益等方面地位平等、各尽其责地承担并完成自己最擅长任务的过程。早期的 PPP 更强调政府在项目公司中占有股份，以加强对项目的控制，保障公众利益，共担风险和共享收益。今日语境下的 PPP 模式一般被视为"政府与私营企业合作"（政府与社会资本合作）提供公共产品的各种合作模式的统称。随着 PPP 家族谱系日渐庞大，出现了包括 BOT（Build-Operate-Transfer，建设—经营—转让，常称为特许经营）、PFI（Private-Finance-Initiative，民间融资）及其各种演变形式[①]。从经营模式上看，PPP 模式可以分为使用者付费特许经营模式、政府购买服务模式两种。政府特许经营作为 PPP 的一种模式（李海涛，2016），适用于"准公共品+使用者付费"的背景特征。

1.2.3　国家公园特许经营

国家公园特许经营是指根据国家公园的管理目标，为提高公众游憩体验质量，由政府经过竞争程序优选受许人，依法授权其在政府管控下开展规定期限、性质、范围和数量的非资源消耗性经营活动，并向政府缴纳特许经营费的过程。

根据以上定义，国家公园特许经营本质上是政府特许经营活动，具有以下内涵特征：

（1）环境友好、公众获得。国家公园的特许经营应确保在不影响资源和生态保护目标的基本原则下，设置公共资源经营权的特许标的，将公共资源的使用权、部分收益处分权授权给企业、组织或个人，开展增进公众利益的非资源消耗性活动。

[①] 根据财政部颁布的《关于印发政府和社会资本合作模式操作指南（试行）的通知》（财金〔2014〕113 号），中国的 PPP 模式与亚洲开发银行的分类基本一致。

（2）受许人缴费、消费者支付。不同于公共资源与服务的政府购买，国家公园特许经营项目提供具有经营性特征的准公共产品，它具有面向公众，同时要求公众支付的特征。

（3）竞争优选、数量控制。竞争性出让是我国自然资源使用权特许的主要实施方式[①]，也是许多国家采用的普遍方式（欧阳君君，2016b）。为保证公平正义，国家公园特许经营权需通过依法竞争的程序方可授予；对特许经营项目实施严格的数量控制，仅授予最满意的特许经营权申请人。

特许经营权使用费（后文简称"特许经营费"），是特许经营竞标者在竞标胜出后，向政府缴纳的经营费。国家公园特许经营费的收取与使用标准，一般根据受许人投资可能得到的净利润、合同约定的义务以及向访客提供的服务定价等方面综合考虑制定。

1.3　研究进展与理论基础

1.3.1　相关研究进展

1. 政府特许经营研究进展

1968 年，Harold 首次提出用特许竞标权的方式来代替政府规制，通过竞争机制，让企业参与公用事业相关领域。然而，政府特许经营虽然在理论上能提高企业内部效率，但本身也面临着几个问题（黄超，2011）：一是特许竞标权并非总是价格最优，厂商仍可以获得超额利润；二是特许经营权竞标未必能保证有效竞争，可能会出现投标者合谋情况[②]；三是特许投标后的资产转让问题；四是合同问题[③]。

国内对政府特许经营的研究比较集中于水资源（宋蕾，2011；王芳芳，2012）、高速公路（陶毅，2009）、城市基础设施（毛腾飞，2006；崔国清，2009）等公共领域。徐嵩龄（2003）和谢茹（2004）较早开始对风景资源领域的经营管理进行研究，主张名胜风景资源的经营权与管理权相分离。吴文智（2008）认为，公共景区具有准公共物品和垄断性资源两大基本特征，政府必须利用其行政或法律强制权对公共景区经营与管理

---

① 根据《行政许可法》第53条。
② 当竞标者数量不多时，容易产生竞标者合谋、串通的情况。
③ 短期合同使竞标者倾向于更少投入；长期合同则使很多协议内容难以形成具体易操作的规定。

行为实行规制，实施公共景区特许经营制度，并完善竞拍机制和契约管理。也有学者从资源属性和公私关系的理论视角出发，探讨特许经营的法律属性（王智斌，2007）、经营模式（旷虎，2013），提出自然资源使用的理论建构与制度规范（欧阳君君，2015），自然保护地实施特许经营制度得到了学界的支持（沈兴兴，2016）。

2. 国家公园特许经营研究进展

国家公园是人类追求人地和谐过程中积极的人为空间建构。由于各国国情、资源本底和制度伦理等存在差异，出现了不同类型的国家公园治理模式。各国在追求良治的道路上不断地修正国家公园的制度发展路径（IUCN，2008；张海霞，2012；张海霞和钟林生，2017）。

由于制度不完善导致的偏离保护地初始建构目标的"纸上公园"问题（paper park）是国家公园体制研究的焦点问题（Soverel et al.，2010；Turner et al.，2014；张海霞和钟林生，2017）。受新公共管理运动影响，早在21世纪初有学者指出：中国自然保护区、风景名胜区等保护地"以经营取代管理"的做法妨碍了保护事业的发展（徐嵩龄，2003；张晓，2006），致使自然资源品质受损、环境质量下降（郑易生，2002；张晓，2012）。张金泉（2006）从生态旅游的发展机制出发，提出应开展国家公园的资源价值评估工作，实施特许经营制度。徐嵩龄等（2013）从遗产经济学的视角，研究对比西湖模式和黄山模式并指出：如果模糊化遗产性质（非营利性）和遗产旅游（营利性）的区隔，以营利性取代非营利性[①]，则易将遗产旅游的文化事业推向纯粹的经济产业（表1-4）。

对于国家公园的旅游与游憩利用问题，涉及对旅游概念的内涵与外延的界定（苏扬，2017）。本书赞同马梅（2003）将国家公园产品划分为纯公共产品、准公共产品和私人产品的分类方法，其中私人产品即指国家公园区域内的交通、餐饮、住宿、体验性的游憩项目（钓鱼、漂流、划船等）等旅游产品。这一分类方法便于将国家公园的公益性游憩服务与涉及资源利用的旅游服务进行区分。诚如吴承照和贾静（2017）所言，在国家公园复杂的生态与人文系统中，应当区分游憩者、原住民、商业体等资源利用主体，通过系统的管控手段达到国家公园资源可持续利用的总体目标。

---

① 根据徐嵩龄等（2013）的观点，文化和自然遗产基本是公共物品，在有原住民社区的遗产地中，社区拥有传统资源权。由遗产派生的服务功能，不仅包括旅游，还包括教育、科研等。依托于这些遗产的旅游，严格地说，应是兼具经济功能的文化事业。因此，这些直接源自遗产的服务应具公益性质，其经营应是非营利性的。

表 1-4 西湖模式与黄山模式的旅游经营制度与绩效比较

管理事务类别	西湖模式	黄山模式	比较
文化身份	世界文化遗产地	世界文化与自然遗产地	同等
行政隶属	由杭州市政府管理,保持传统隶属关系	改由屯溪市直管,屯溪市改为黄山市	黄山在传统权益和历史文化层面上的处理欠妥
基本制度	以特许经营方式提供景区旅游服务	营利性经营,以经济影响最大化和环境负面影响最小化为目标	西湖正确,黄山失当
旅游经营主体和经营性质	政府对依托于遗产的旅游服务实行公益性经营,其他旅游服务由私人主体开展营利性特许经营	政府对景区内旅游服务实行营利性垄断经营	西湖正确,黄山失当
经营的经济影响评价	以多日游取代一日游,收入不降反升,惠及社会	垄断经营,收入畸高;与社会争利,使黄山社区及区外旅游服务企业的发展受到影响	西湖更加合法、合理、合情
经营的遗产影响评价	能够确保遗产的原真性和完整性	部分自然遗产受到影响,如桃花沟水景观消失	西湖正确,黄山失当
经营的生态影响评价	可以确保生态质量	部分用于大众旅游的自然遗产,其生态景观质量不能达到世界遗产地的保护标准	西湖正确,黄山失当
经营的环境影响评价	可以确保环境质量	可以确保环境质量	两者一致
经营对访客心态的影响评价	访客获得身心、知识和精神享受	访客疲于奔波,游憩体验质量不高	西湖正确,黄山失当
经营对社会责任的评价	在遗产和环境保护、旅游服务和遗产地社区发展方面与社会要求一致	在遗产和环境保护、旅游服务和遗产地社区发展方面与社会要求有差距	西湖正确,黄山失当

资料来源:徐嵩龄等,2013,有删减。

受自上而下制度生成逻辑的影响,2010 年代前中国学者的研究更倾向于关注政府对遗产地制度的介入和干预作用(张金泉,2006;刘一宁和李文军,2009),侧重于对立法、行政许可等制度的探索(欧阳君君,2016a;黄进,2009)。随着政府特许经营项目运营管理中具体问题的出现,国内学者认识到政府特许经营本质上属于通过合同规制公共资源利用的行为(李培升,2012),政府与企业、社区利益群体的博弈均衡在制度设计中十分关键。

事实上,短期来看具有主观建构色彩的保护地管理制度,在历史长河中往往是制度演化的产物。继 1975 年 Paul A David 提出路径依赖理论后,1990 年代 North、Stark 等学者将路径依赖研究的焦点从技术变迁引向制度变迁。以 Schotter(1981)、青木昌彦(2001)、Greif(2006)等为代表的学者发展了博弈论制度学派(董志强,2008),主张制度即是"共同信念",认为有效的制度是达到博弈后的一种制度均衡。也有制度主义学者关注国家公园等保护地,如 Berkes(2009)从制度发展的视角研究指出"合作管理模式是保护地制度集体选择的结果";又如 Freek 等(2008)主张克鲁格国家公园管理理念的形成是由国家公园内外的环境和社会等因素共同决定的。然而,已有研究多是对宏观政策现状的研究,前后的制度关系及其内在机制探讨还需跟进。Bill 和 Vicky Cox(2009)指出,原有制度的路径依赖和新环境的制度生成作用共同促成了差异化的国家公园旅游伙伴关系,而 Pfuelle 等(2011)将利益博弈引入国家公园的旅游利用研究之中。Thompson 等(2014)基于全球尺度的研究表明,自然保护地特许经营机制成功推进受九大因素影响,即法律与政策支持、资金管理机制、特许经营项目过程管理机制、特许经营项目管理计划、特许经营标准合同的制定、特许经营项目数据库的建立、环境影响评价与监督、员工管理及信息公开。

中国正迈向新时代,国家公园体制试点区经营性项目存在整体租赁的事实,影响了公益性的价值实现(钟林生等,2016)。张朝枝(2017)指出国家公园的门票分配机制设计应考虑相关利益群体。也有学者提出,美国国家公园特许经营管理中的合同期限与内容等信息对中国国家公园有借鉴价值(钟赛香等,2007)。为此,不少学者针对中国国家公园体制改革的现状,提出了要实施国家公园特许经营机制的建议(马勇,2018),但多属应然性的思考。徐菲菲等(2017)基于产权理论主张对于私人产品实施市场化的特许经营模式(图 1-1)。

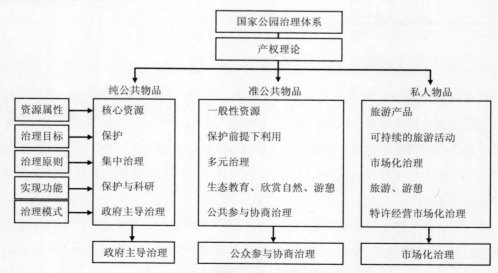

图 1-1　基于产权理论的国家公园治理体系

资料来源:徐菲菲等,2017。

后国家公园时代，特许经营制度设计不仅面临着新的制度变化因素和利益格局，同时也要与原有保护地制度相衔接，避免"纸上公园"出现是个系统工程。剖析其中的路径依赖和博弈均衡过程，有利于阐释国家公园内特许经营制度的演化机理，对建构更加环境友好、更加积极有效的国家公园管理制度也是十分必要的。

1.3.2 国家公园特许经营的制度属性

对于制度生成的研究有效率制度观（efficient institution view）、寻租制度观（rent-seeking institution view）、成本制度观（costly institution view）三种不同观点（董志强，2008）。效率制度观立足于科斯定理，强调社会总剩余最大化，寻租制度观强调权力集团的权力租金最大化，而成本制度观则认为合理的制度是为解决经济问题而倒逼建构的有效制度，但存在一定成本的制度。

国家公园特许经营是指在不破坏生态与资源环境的前提下，为提高公众游憩体验质量，由政府经过竞争程序优选受许人，依法授权其在政府管控下，在国家公园内开展规定范围和数量的非资源消耗性经营服务活动，并向政府缴纳特许经营费的过程。国家公园特许经营本质上是政府特许经营活动，具有"环境友好、公众获得""受许人缴费、消费者支付""竞争优选、数量控制"等特征。各国资源禀赋千差万别，却普遍选择通过国家公园向公众提供类似的餐饮、住宿、游览服务、零售等特许经营服务。国家公园实施特许经营制度是遵循国家公园管理目标，为提高国家公园内经营活动效率，通过理性制度建构，不断逼近有效制度的过程，适用于成本制度观。

1.3.3 制度均衡与国家公园特许经营

根据 Schotter（1981）的制度分析逻辑观点，假定存在制度供给者（如政府），则制度维系的基础是制度均衡。一旦制度选择集变化，制度均衡会被打破，出现制度失衡后，制度变迁就成为可能（柯武刚和史漫飞，2004）。从演化视角看，惯例制度受外生变化影响，一旦超过一定阈值，就会发生制度变迁。这种变迁可以表现为制度漂移或制度创新，后者往往伴随着博弈参与人的变化和更高的制度成本。

国家公园特许经营制度是由国家公园管理主体、经营主体、本地居民等利益相关者博弈参与，由资源价格、成本费用、管理监督技术等要素构成的管理体制、资金、合同、监督保障等制度的合集。

1.3.4 制度变迁与国家公园特许经营

　　根据 Grief（2006）提出的内生制度变迁理论，制度所导致的行为结果反过来会使制度得到强化。如果行为规范、权利感、身份、自我形象、思维模式以及意识形态、合法性、组织建立等方面的自我强化（self-reinforcing）没有发生，那么就会出现制度的自行消解（self-undermining）。该理论强调制度的内生属性，对制度如何在适应制度环境，并规范内部成员的进程中自行发生改变提供了分析框架（马雪松和张贤明，2016）。Woerdman（2004）认为，转换成本、运行成本和解决问题的能力是导致制度锁定的关键因素；制度约束、外部性、学习效应及主观理解、适应性预期是影响制度自增强的间接因素（图 1-2）。

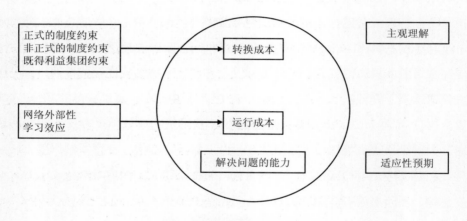

图 1-2　制度的自增强机制

　　根据内生性制度变迁理论，原有的国家公园特许经营制度如果能通过不断重复，形成从行为规范、形象塑造到合法性确立、组织完善，那么就是一种自我强化的制度演化路径；反之，无法形成自我强化的集体决策，原有的国家公园特许经营制度将有可能被新制度所替代；同样，如若新制度（或制度改革）无法在行为规范、形象塑造、合法性确立、组织建设上不断强化，就会面临制度消解的危机，形成制度消解的演化路径。因此，有必要基于制度演化的分析框架，研判国家公园特许经营制度发展和制度创新的可能性。

1.4 研究方法与技术路线

1.4.1 研究方法

本书沿着国外经验分析和国内现状评估两条主线，从目标实现与问题（WHY）、原则与范围（WHAT）、权力配置与制度保障（HOW）三方面剖析国家公园特许经营制度的发展机理，提出构建国家公园特许经营机制的对策建议。

1.4.2 技术路线

围绕以上目标，综合运用案例分析法、演化分析法、内容分析法、状态—压力分析法等分析方法展开了研究。研究技术路线见图1-3。

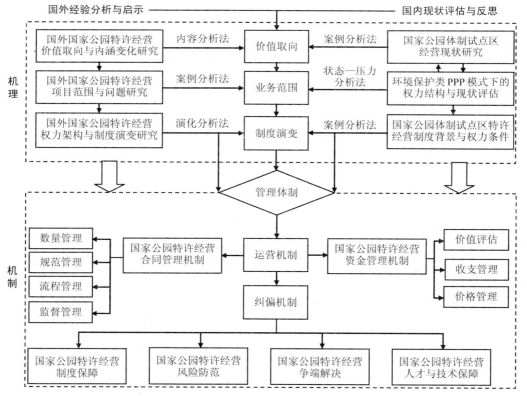

图 1-3 技术路线

第2章 国外国家公园的特许经营管理

2.1 政府特许经营制度的发展

2.1.1 政府特许经营的国际经验

1. 特许经营是解决公共需求膨胀与政府财政紧缺矛盾的政策工具

国外特许经营的发展以各大洲为基本单元，发展背景、动力及趋势差别较大。其中发展相对成熟的有英国、美国、法国、西班牙、意大利、比利时和德国等国家[①]。

（1）英国。1660年代，作为老牌资本主义国家，英国在工业化过程中面临着基础设施投资需求剧增和公共财政吃紧的矛盾，PPP模式应运而生。特许经营正是作为PPP的一种合同形式出现的[②]。为保证政府特许经营项目的稳定实施，英国出台了《公共事务合同条例》（*Public Contracts Regulations 2006*）和《公用事业合同条例》（*Utilities Contracts Regulations 2006*）。其中《公共事务合同条例》第36条和第37条是有关市政工程特许经营合同的规定，第46条是有关服务行业特许经营合同的规定。《公用事业合同条例》规定了两类政府特许经营合同：服务类特许经营合同（services concession contract）和工程类特许经营合同（works concession contract）。而实际上，英国的PPP模式很少使用特许经营方式，多数为政府付费的PFI模式。

---

① 国外特许经营的演变史是内嵌于国外PPP演变史之中的。一些国家特许经营的概念被嫁接到了PPP概念上，实际上有些国家的特许经营演变史就是一部PPP演变史。

② 1660年，英国启动了第一个对高速公路的BOT特许经营项目，后来大规模的运河和铁路项目也开始实行BOT特许经营。

（2）法国。法国是使用者付费类特许经营模式应用最成熟的国家之一，其特许经营模式被世界银行称为"一种真正的法国模式"。长期以来，特许经营制度成为法国建设和管理公共服务与基础设施的最普遍模式。早在 17 世纪，法国就开始将特许经营模式运用于军舰建造和港口等基础设施建设中。18 世纪，又开始运用特许经营模式来建造运河和桥梁。19 世纪，特许经营模式逐渐扩大到铁路、供水、照明、交通等领域。1970年代后，特许经营模式被广泛运用于高速公路、供电、通信、有线电视、城市供暖、垃圾处理、污水处理、停车场、监狱等设施的建设和运营中。1990 年代以来，借鉴英国政府付费类特许经营制度发展取得的经验，法国倡导建立双轨制①的 PPP 制度体系。目前，法国包括污水处理、垃圾收集与管理、电缆、城市交通、体育运动设施、学校餐饮、殡仪服务和供水等几乎所有的公共服务项目都向社会资本开放。

（3）西班牙。1953 年，西班牙针对瓜达拉马隧道项目设立了首家 BOT 公司。1970年代，西班牙政府财政困难，政府将 BOT 模式作为建设、运营基础设施的一种重要的、国家层面的经济政策。经过几十年的实践，西班牙的机场、公路、高速铁路及港口设施的建设和管理都得到了较大的改善，特许经营所涉领域已经扩大到水处理、风能、太阳能等环保领域。2007 年，该国颁布了第 30 号法律《公共部门合同法》。该法遵循欧盟公共合同缔约指引，对包括特许经营公共项目合同在内的所有公共合同加以规范。

2. 各国（或组织）特许经营管理制度日渐走向规范化

2000 年以来，越来越多的国家（或组织）通过特许经营立法来规范特许经营管理（表2-1）。有些国家特许经营发展历史悠久，却没有出台专门法来推动特许经营事业的发展，而是以准则或指南的形式来规范特许经营，如英国、澳大利亚。可操作性和针对性较强的指南规范同样促进了特许经营制度的发展（黄腾等，2009）。

从全球层面看，直到 2000 年，联合国国际贸易法委员会（UNCITRAL）发布了《私人参与基础设施立法指引》（*Legislative Guide on Privately Funded Infrastructure Projects*），私人资本参与公共设施建设才有了一个有力的法律框架。欧盟委员会 2004年颁布了《公私合作关系及政府采购与特许欧盟法规绿皮书》。欧洲复兴开发银行于 2006年发布了"现代特许经营法律核心原则"（EBRD Core Principles for a Modern Concession Law）。2014 年欧盟委员会为进一步推进各国 PPP 项目合作，颁布了《特许经营合同授

---

① 即把政府购买服务和政府特许经营同时纳入特许经营管理的制度框架。

予法令》（*Directive 2014/23/EU of the European Parliament and of the Council of 26 February 2014 on the Award of Concession Contracts*），从宏观层面进一步引导各国特许经营立法及特许经营发展。

表 2-1　主要国家（或组织）特许经营相关立法名录

国家或组织	特许经营立法	年份
智利	《智利特许经营规范》	1991
日本	《民间融资（PFI）社会整备法》	1999
西班牙	《西班牙特许经营法》	2003
	《西班牙新公共服务特许经营风险分担法》	2005
	《公共部门合同法》	2007
捷克	《捷克共和国特许经营法》以及《特许经营合同和特许经营程序第 139 号文件》	2006
印度尼西亚	《印度尼西亚特许经营法》	2005
柬埔寨	《柬埔寨特许经营法》	2007
法国	《公共事业市场法典》	2006
欧盟议会和委员会	《特许经营合同授予法令》	2014

资料来源：根据景婉博（2016）整理。

3. 探索形成数个典型特许经营政府管理模式

综合事务型政府机构主管模式。以英国为例，英国是由公共事业管理委员会（Public Accounts Committee）和国家审计署（National Audit Office）负责对特许经营政策进行调查研究并提出意见。财政部下设合伙经营机关（Partnership UK plc），为所有公共管理部门提供特许经营方面的专业服务和采购方面的知识；同时下设公私机构合作署（Public Private Partnership Programmer），通过编制建议和指南为地方政府提供 PPP 项目支持，并帮助其制定标准化合同。总体而言，英国 PPP 管理机构的组织特征是：由议会主持的项目审议机制、由公共事务委员会主导的 PPP 管理机构、由财政部实施的 PPP 资金管理机制。又如加拿大政府设立的"PPP 基金"和加拿大 PPP 管理局，后者负责协调基金的使用。

多类型机构协同发展模式。日本的特许经营项目是根据《民间融资（PFI）社会整备法》，在中央政府的统一领导下，由地方政府、PFI 推进机构及行业组织共同构成的民间融资项目运作管理模式。民间融资的领导和推广机构是内阁下设的民间融资推进室和民间融资推进委员会。委员会委员直接由首相任命，主要负责民间融资事业调查、研究和提出政策建议。日本民间融资推进室、日本 PPP 协会、亚洲 PPP 推进协议会、PFI/PPP

推进协议会、亚洲 PPP 政策研究会等各类 PPP 组织和行业协会也在 PPP 项目的研究、咨询、监督等领域发挥了积极的作用。

无专设机构模式。德国、韩国、新加坡、美国属这种模式。以美国为例，美国自 1990 年代开始推进 PPP 模式，各州保持对 PPP 模式选择的自治权，但并未设置统一的管理机构。值得一提的是，2015 年在奥巴马政府的支持下，美国内务部设置了"自然资源投资中心（Department of the Interior's Natural Resource Investment Center）"，专注于基础设施、水资源市场、生物栖息地的 PPP 模式推进，鼓励社会资本进入原本由政府主导的公共项目领域。美国 PPP 模式的实施也存在一定的制度性障碍，如联邦法律规定州政府和联邦政府有权发行债券。债券是免税的，私人资本融资则需要缴税，这从客观上削弱了私营投资参与的积极性。

2.1.2　政府特许经营的国内现状

自 1980 年代中期，中国公共事业领域出现了项目融资模式。PPP 模式的制度发展真正始于 1990 年代之后（表 2-2）。

表 2-2　中国关于特许经营的主要指导性文件

年份	颁布部委	文件名称
1994	交通部	《关于转让公路经营权有关问题的通知》
1995	对外贸易经济合作部	《关于以 BOT 方式吸引外商投资有关问题的通知》
2002	建设部	《关于加快市政公用行业市场化进程的意见》
2004	建设部	《市政公用事业特许经营管理办法》
2014[a]	财政部	《关于推广运用政府和社会资本合作模式有关问题的通知》
2014[a]	财政部	《政府和社会资本合作模式操作指南（试行）》
2014[a]	国家发展和改革委员会	《关于开展政府和社会资本合作的指导意见》
2014[a]	国家发展和改革委员会	《政府和社会资本合作项目通用合同指南（2014 年版）》
2014	国务院	《关于创新重点领域投融资机制鼓励社会投资的指导意见》
2015[b]	国家发展和改革委员会	《基础设施和公用事业特许经营管理办法》
2015[b]	财政部	《关于规范政府和社会资本合作合同管理工作的通知》
2015[b]	财政部	《PPP 项目合同指南》
2015	国务院	《关于在公共服务领域推广政府和社会资本合作模式的指导意见》
2017	国务院	《基础设施和公共服务领域政府与社会资本合作条例》

注：[a] 为 2014 年 12 月 4 日同天发布的文件；
[b] 为 2015 年 1 月 20 日同天发布的文件；
本表未列入财政部起草的《政府和社会资本合作法（征求意见稿）》（征求意见阶段已结束）、国家发展和改革委员会起草的《基础设施和公用事业特许经营法》（已列入全国人民代表大会立法计划）；《基础设施和公共服务领域政府与社会资本合作条例》完全没提及"政府特许经营"，引发社会广泛关注。

外资融资主导期（1990 年代中后期）。1990 年代中国开始了对 PPP 模式的探索。1994年交通部颁布了《关于转让公路经营权有关问题的通知》，政府特许经营作为一种输入性制度进入中国（于安，2017）。1995 年对外贸易经济合作部颁布了《关于以 BOT 方式吸引外商投资有关问题的通知》。此阶段以吸引外资融资为主要目的，国家计划委员会、国家经济贸易委员会为推动 PPP 发展的主要部门，基本是 BOT 模式，顶层设计缺失，操作缺乏规范性。

国企主导期（2000—2010 年代中前期）。随着历史的演进，中国政府 PPP 模式的范围从狭义的外资融资发展到广泛吸引内资，参与的机关部门和管理主体开始多元化，政府特许经营开始被中国政府在城市公用事业领域大量使用。建设部于 2002 年发布了《关于加快市政公用行业市场化进程的意见》，提出"开放市政公用行业投资建设、运营、作业市场，建立政府特许经营制度，是为保证公众利益和公共工程的安全，促进市政公用事业发展，提高市政公用行业的运行效率而建立的一种新型制度"。该文件明确要求在城市供水、供气、供热、污水处理、垃圾处理及公共交通等市政公用行业建立政府特许经营制度。2004 年，建设部发布了《市政公用事业特许经营管理办法》，以进一步规范市政公用事业特许经营活动。该文件第一条明确规定："为了加快推进市政公用事业市场化，规范市政公用事业特许经营活动，加强市场监管，保障社会公共利益和公共安全，促进市政公用事业健康发展，根据国家有关法律、法规，制定本办法。"从上述规定可以看出，这一阶段鼓励国内社会资本进入市政公用事业，推动市政公用事业市场化。建立政府特许经营制度已经成为新的制度改革方向，但是在政府和企业的法律关系上依旧沿用了民事手段解决纠纷的做法（于安，2017）。

社会资本主导期（2010 年代中期以来）。2014 年财政部颁布了《关于推广运用政府和社会资本合作模式有关问题的通知》，对 PPP 模式进行定义，指出 PPP 模式是在基础设施及公共服务领域建立的一种长期合作关系。该模式通常由社会资本承担设计、建设、运营、维护基础设施等大部分工作，并通过"使用者付费"及必要的"政府付费"获得合理的投资回报。政府部门负责公共服务价格和质量监管，以保证公共利益最大化。

2014 年《国务院关于加强地方政府性债务管理的意见》（国发〔2014〕43 号）颁布后，中国终结了地方政府的传统融资方式。地方政府在偿债压力下，亟须寻找新的融资模式。为此，国务院办公厅发布了《关于创新重点领域投融资机制鼓励社会投资的指导意见》。财政部为解决债务问题，发布了《关于推广运用政府和社会资本合作模式有关问题的通知》和《政府和社会资本合作模式操作指南（试行）》。国家发展和改革委员会出于刺激经济发展的管理目标，发布了《关于开展政府和社会资本合作的指导意见》和《政府和社会资本合作项目通用合同指南（2014 年版）》。政府实施特许经营模式得到了不同部委、不同政策文件的支持。

随着不同部门的积极参与，交叉重叠问题虽影响了政府特许经营效应的发挥，中国的政府特许经营事业总体上正逐渐走向规范化管理。2015 年国家发展和改革委员会颁布了《基础设施和公用事业特许经营管理办法》，明确了政府特许经营是指"政府采用竞争方式依法授权中国境内外的法人或者其他组织，通过协议明确权利义务和风险分担，约定其在一定期限和范围内投资建设或运营基础设施和公用事业并获得收益，提供公共产品或者公共服务"。2015 年国务院办公厅转发财政部、国家发展和改革委员会、中国人民银行《关于在公共服务领域推广政府和社会资本合作模式的指导意见》，确定了能源、交通运输、水利、环境保护、农业、林业、科技、保障性安居工程、医疗、卫生、养老、教育、文化等 13 个政府特许经营领域，中国进入社会资本参与公用基础设施建设的新时期。

2.1.3　主要问题

1.　项目范畴问题：伪特许经营

一些地方政府为将项目归类为特许经营项目、避免施工部分二次招标、以符合财政部关于 PPP 项目"合作期限原则上不得少于 10 年"的要求，偷换概念地将没有运营环节、不具有使用者付费性质的 PPP 项目包装成伪特许经营项目，将项目的维护、养护视为"运营"，把政府方支付的维护、养护费用当作"运营收入"，从而制造出伪特许经营项目[①]。

2.　政府作为问题：职能交叉、诚信监管不足

如果政府部门在管理权与特许经营权分离后，职能界定不清晰，则不仅会降低行政效率（黄超，2011），而且会增加受许企业负担。谈判、签订合同过程中无法确定具有合法代表资格的主管部门，违约事务处理过程中无法确认承担法律责任的部门，这都将增加受许企业的经营风险。事实上，2014 年中国 PPP 模式信号开启后，国务院大力倡

---

① 参见财政部《关于坚决制止地方以政府购买服务名义违法违规融资的通知》（财预〔2017〕87 号）、《关于进一步加强政府和社会资本合作（PPP）示范项目规范管理的通知》（财金〔2018〕54 号）。

导推行这一模式。财政部成立了 PPP 工作领导小组，发布了《关于政府和社会资本合作示范项目实施有关问题的通知》《政府和社会资本合作模式操作指南（试行）》《关于规范政府和社会资本合作合同管理工作的通知》《PPP 项目合同指南》等相关政策文件，并公布了两批 PPP 示范项目。同年，作为综合研究拟订经济和社会发展政策的职能部门和政府发起投资主要负责机构，国家发展和改革委员会也先后下发了《关于开展政府和社会资本合作的指导意见》、《政府和社会资本合作项目通用合同指南（2014 年版）》以及《基础设施和公用事业特许经营管理办法》（征求意见稿）等政策文件。2016 年，国家发展和改革委员会和联合国欧洲经济委员会联合成立了"PPP 中心"，是继财政部 2014 年成立的"政府和社会资本合作中心"之后，中国成立的第二家由部委牵头的 PPP 政策研究、咨询培训、信息统计和国际交流机构。目前，中国的 PPP 管理出现了两个部委、两套法令的状况。国家发展和改革委员会和财政部在 PPP 立法、颁布指导意见、批复项目和制度推介等方面各自为政。截至 2015 年年底，国家发展和改革委员会共推出 2125 个 PPP 项目，总投资约 3.5 万亿元；财政部的两批 PPP 示范项目逾 230 个，总投资规模近 8400 亿元。政府部门间职责划分不清会导致社会资本出现不必要的消耗[①]。2016 年财政部公布《关于在公共服务领域深入推进政府和社会资本合作工作的通知》，明确由财政部门统筹负责公共服务领域的 PPP 改革工作；同年，国家发展和改革委员会公布《关于切实做好传统基础设施领域政府和社会资本合作有关工作的通知》，明确由国家发展和改革委员会统筹负责基础设施领域的 PPP 推进工作。中国 PPP 领域的部门交叉问题有所改善。

中国政府特许经营监督管理的内容主要是经济性的价格监管和"进入"监管，社会性监管刚刚起步。政府的承诺和保证是政府特许经营中的国际惯例，它有利于降低投资者的风险，保障投资者的合法权益，吸引投资者投资公用事业项目。中国正处于经济转型时期，体制、机制、政策处于不停的变化和调整中是这个时代的特征。但在政府特许经营管理中，政府往往对这个特征的风险评估不足，盲目承诺，政策变化后，导致承诺无法兑现。此外，由于合同设计的不完备性，没有对潜在风险做出相应的制度保障安排，结果政府特许经营合同无法继续履行，项目被迫终止。

---

① 资料来源：http://news.sina.com.cn/zk/2016-03-04/doc-ifxqafha0360495.shtml。

3. 合同问题：特许经营合同性质仍有争议

对于特许合同的性质是受私法管辖的民事合同还是受公法管辖的行政合同，当前中国法律并没有明确的界定。合同性质不确定导致合同争议解决途径不确定。一旦有争议发生，能不能进行行政复议或行政诉讼，政府和企业都无所适从。如果将政府特许合同看作民事合同，适用于私法，但实践中又难以执行，因为政府授予企业、组织或个人特许经营权，实际上是行使公权力的表现，与司法是分权制衡的关系。中国现行的体制，决定了司法判决难以实际约束政府的民事行为，尤其是在政府不配合或者公共利益攸关的情况下，政府更有理由抗衡司法判决。根据《中华人民共和国行政许可法》第十二条第二款规定："有限自然资源开发利用、公共资源配置以及直接关系公共利益的特定行业的市场准入等，需要赋予特定权利的事项"可以设定行政许可，中国特许经营合同的性质就是行政合同。如果特许经营受许人的权益受到侵害，企业的救济途径是较为充分的，可以提起行政复议或行政诉讼。如果政府无正当的理由提前终止合同，那么特许经营受许人可以请求法院判决政府撤销决议或者给出相应补偿。

政府特许经营合同由于期限一般都很长，技术、需求、政策等经济技术环境在合同期间会出现变化，合同的不完备性不可避免。目前，合同双方往往忽视合同的不完备性，特别是政府一方，由于急功近利，追求短期利益，片面强调引资的现象严重；加之专业知识和专业人才储备不足，在合同签订前，又不聘请专业咨询机构对合同项目的各种风险进行详细评估；在合同文本中，有意回避关键问题，盲目求同存异。一旦合同出现争议，由于合同缺乏必要的风险保障制度安排和缔约双方往往又缺乏长期合作的精神，结果均表现出机会主义倾向，导致合同无法继续履行，项目中途夭折。

4. 机制问题：有效、公平、合理的定价机制远未形成

公用事业价格规制问题是政府特许经营能否顺利运行的一个极为关键的问题。在自然垄断的公用事业，价格的确定必须同时满足三维目标：促进社会公平、提高生产效率和保护社会资本的发展潜力。政府如何进行有效的价格规制，以调节政府、消费者、社会资本三者之间的利益关系，制订同时符合三个目标的价格，是当前迫切需要解决的问题。在实践中，这方面呈现出许多问题，严重的甚至导致特许经营项目无法顺利地合作下去。例如，社会资本转嫁成本给消费者，导致价格上调；政府的特许经营项目补贴政策不公开或不透明，反而进一步加剧特许经营项目定价的不确定性；政府对公共服务和

产品价格构成要素及监管范围缺乏明确规定，特许经营项目范围的随意性将加重"搭便车"收费现象等，在此不一一赘述。

5. 法律问题：法律关系不清晰

《行政诉讼法》将特许经营协议的履行、变更、解除纠纷划入了行政诉讼受案范围。2015 年 5 月 1 日生效的最高院司法解释对此进一步予以明确，并指出特许经营协议属于行政协议。这一规定带来了新的问题。一方面，财政部在《政府和社会资本合作模式操作指南（试行）》中，载明 PPP 项目纠纷（含特许经营）可以进行仲裁，这说明政府和社会投资人是平等的民事法律关系。另一方面，作为 PPP 实施方式之一的特许经营项目在产生纠纷时却要走行政诉讼程序，说明政府与投资人之间是不平等的行政管理关系。同为公私合作，法律关系的性质却差异极大，使得地方政府和社会投资人在项目争议解决方式上不知如何选择。更何况，在 PPP 项目中，特许权的授予和终止往往与补偿、索赔等问题交织在一起。行政赔偿与民事诉讼、仲裁中的违约损害赔偿适用原则和判定结果大相径庭（王霁虹和刘瑛，2016）。

2.2　国家公园特许经营的制度发展

2.2.1　美国

1. 特许经营立法不断完善

特许经营制度是国家公园制度演化过程中的重要组成部分。在美国国家公园七大发展阶段中（表 2-3），1872 年美国国会建立黄石国家公园时，规定内政部长可批准"修建游客住宿用房"的租赁协议，这标志着私营部门在国家公园内开展特许经营活动的开始，说明美国国家公园内的特许经营活动早于国家公园管理局的建立。1950 年，美国国家公园管理局出台了首份特许经营官方指导原则。1965 年，国会通过了《特许经营政策法》，首次法定赋予国家公园管理局开展特许经营活动的权力。随着国家公园体系进入转型扩张期，公园游憩事业得以快速发展，1998 年国会通过了《国家公园管理局特许经营促进法》，形成了有专门法保障的特许经营管理制度。不断完善的制度约束和促进了特许经营制度的自我强化。

表 2-3 美国国家公园管理制度的演化阶段

发展阶段	环境因子	资源因子	服务因子	社区因子
体系界定期 （1864— 1932 年）	《国家公园管理局森林管理政策》（1931）	《国家公园动物志》（1931）、《国家公园肉食性动物保护政策》（1931）	《国家公园组织法》（1916）、《联邦授权法修正案》（1921）、《内务部秘书处国家公园政策》（1925）、《国家公园过度发展监管方案》（1922）、《国家公园管理局办公室公园规划守则》（1931）	《特许经营政策》（1928）
管理完善期 （1933— 1941 年）		《历史遗迹保护》（1935）、《公园、公园步道、游憩区研究法案》（1936）、《国家公园管理局办公室关于捕鱼的政策》（1936）	《国家公园环境氛围管理》（1936）、《失业救济法案》（1933）、《国家公园应开展科学研究》（1933）、《国家公园道路》（1936）、《公园与游憩用地规划》（1941）	
萧条停滞期 （1942— 1956 年）			《国家公园候选标准》（1945）、《国家公园体系管理促进法案》（1953）	
生态恢复期 （1957— 1969 年）	《土地和水资源保护基金法》（1965）、《国家环境政策法案》（1969）	《野生生物管理咨询委员会报告》（1963）、《国家历史保护法案》（1966）、《原野与景观河流法案》（1968）、《生态系统火管理利用规划》（1968）	《美国户外游憩报告》（1962）、《国家公园咨询委员会报告》（1963）、《游憩区的设置与管理政策》（1963）、《原野法》（1964）、《国家公园步道系统法案》（1968）、《游憩区行政管理政策》（1968）、《历史遗迹区行政管理政策》（1968）、《自然区行政管理政策》（1968）、《国家公园志愿者法案》（1969）	《特许经营政策法》（1965）
转型扩张期 （1970— 1980 年）		《文化环境保护与优化条例》（1971）、《考古资源保护法案》（1979）	《国家公园体系（行政）促进法案》（1970）、《国家游憩区入口设置法案》（1972）	
系统胁迫期 （1981— 1992 年）			《审计署公园胁迫因子报告》（1987）、《部门消防联防管理报告》（1989）、《国家公园与科学》（1992）	《国家公园原住民洞穴保护与移民法案》（1990）
稳定发展期 （1993 年至今）		《自然资源法案》（2008）	《国家公园空中游览管理法》（2000）、《总统令：促进合作保护》（2004）、《公共土地管理法》（2009）、《21 世纪美国大户外游憩战略》（2010）	《国家公园管理局特许经营促进法》（1998）

说明：以上资料参考 Dilsaver（1994）；《国家公园与科学》（1992）为国家公园管理局研究院 1992 年举办的"国家公园科学技术发展会议"研究报告（National Research Council，1992）；稳定发展期的资料来源于 https://www. nps.gov/applications/npspolicy/getlaws.cfm；《国家公园应开展科学研究》刊发于美国《科学月报》1933 年第 36 卷 483-501 页。

2. 特许经营的派发原则发生变化

国家公园特许经营原则从注重必要性、适当性发展到兼顾竞争性、效率性。1965年美国国会针对国家公园经营活动管理通过了《特许经营政策法》，允许在国家公园体系内全面实行特许经营制度。各公园管理机构根据为访客提供商业服务是否具必要性和适当性这一决策原则，通过商业规划，确定拟续约和新增的特许经营项目的数量、规模和地点。特许经营权由国家公园管理局授予。《特许经营政策法》为潜在受许人提供了包括长达 30 年的合同期限、合同续约以及房地产补偿等方面的优惠政策，有效激发了企业参与国家公园经营的积极性，但同时也出现了游客服务质量降低、设施维护不足以及价格趋高等问题。更严重的是，许多受许人拥有了"只要愿意就能续签"的经营垄断权，与国家公园特许经营的初衷相悖。

1990 年代后，美国部分国家公园特许经营项目接近合同期满，如何让特许经营项目更能体现竞争性和商业效率的政策改革提上了日程。1998 年，《国家公园管理局特许经营促进法》应运而生。该法案修改了续签政策，转向扶持小型特许机构、旅行用品商、导览员，并将最长合同期缩减至 20 年。此法案还要求国家公园管理局在价格监督、商业服务质量和特许费用等方面践行公平性原则[1]，以保障旅游者利益。国家公园管理局同时引入了一个重要的管理评估工具，即"标准、评估、比率管理项目"，对特许经营项目总体运营效果、环境影响、危机与健康影响加以评估，确保国家公园特许经营项目能更好地实现优质服务、维护和保护环境等目标。为尽量推进完全竞争，不断强化约束与规制，尤其是对优先权的限制，1998 年法案将 1965 年法案规定的"现有特许经营者均享有续约优先权"[2]，修订为"只有经营性收入不足 50 万美元的特许经营者、装备供应商和导览商拥有优先续约权"（表 2-4）。

表 2-4　美国 1965 年与 1998 年特许经营法案主要对比

内容	1965 年法案	1998 年法案
竞争状态	新合同由国家公园管理局决定授予对象	经竞争程序，特许权授予给"方案最优"的竞标机构

---

① 2000 年以来，在《国家公园管理局特许经营促进法》的影响下，美国国家公园管理局成功地将特许经营续签项目从 2002 年的 50%减少到 2015 年的 17%，有效地维系了国家公园特许经营项目的相对竞争性（Mcdowall, 2015）。
② 1994 年，得到美国国家公园优先续约权的企业向政府缴纳的特许经营费平均占其总收入的 3.8%，而同期通过无优先权竞争授权的企业其特许经营费缴纳比例达到 6.4%。为提高特许经营收益，改变优先权规则势在必行。

内容	1965 年法案	1998 年法案
优先权	现有特许经营者拥有续约优先权	只有经营收入不足 50 万美元的特许经营者、装备供应商和导览商拥有优先续约权
合约期限	无最长期限	10 年，最长可至 20 年
特许经营费	特许经营费直接上缴国家	公园保留特许经营费的 80%，其余 20% 上缴国家
不动产补偿	根据不动产权益（PI），特许经营者获得补偿	根据租赁转让权益（LSI），特许经营者依法获得补偿

资料来源：GAO Summary of 1965 Concession Act and 1998 Concession Act；Possessory Interest（PI）指特许经营受许人根据 1965 年法案，通过特许合同获得的对公园内不动产的占有权；Leasehold Surrender Interest（LSI）指受许人根据 1998 年法案，通过特许合同获得的与其受许项目相关的不动产租赁转让权，其价值一般根据原始建筑成本、消费者价格指数、资产折旧三个主要因素计算。

3. 差异化、规范化的合同管理

服务合同实施分类管理。根据授权方式的不同，美国国家公园的特许经营活动主要分为特许经营、一般商业利用和租赁三种形式（表 2-5），分类设置不同的管理内容，其中 580 个特许经营项目，120 个租赁协议，6000 个商业利用授权。分类规范合同管理制度在不改变博弈参与人格局的情况下，细化完善制度，进一步促进了国家公园特许经营制度的自我强化。

表 2-5　美国特许经营管理的主要类型

类型	管理内容
特许经营合同管理（concession contracts）	指在国家公园内，通过特许经营者（concessioner）这一第三方，向访客提供餐饮、住宿、零售等商业服务的过程。通过特许经营合同的使用，保障这些服务对于游客利用和享受是"必要"和"适当"的。特许经营合同的有效期一般为 10 年，最长不超过 20 年。特许经营合同需明确载明特许经营者应提供的接待设施和服务的范围及类型。特许经营者服务收费标准需经国家公园管理局批准，并应与园外同类产品价格持平
商业利用授权（commercial use authorizations）	一般是指面向私人企业的小型商业活动授权，并服从以下原则：（i）应确保对国家公园的利用适当；（ii）对国家公园的资源和价值的影响应最小化；（iii）遵守公园的管理目标、规划和政策制度
租赁（leases）	国家公园管理局所有的、不适用上述两类特许经营管理的土地或特定建筑，可对外租赁，用于适用法律法规允许的用途。租赁行为及其方式必须与公园法定目标一致。租期可根据投资需要及其他相关因素延长至 60 年

注：严格意义上讲，商业利用授权不属于特许经营范畴，因此其授权合同美国国家公园管理局并不视为特许经营合同。
资料来源：https://concessions.nps.gov/management.htm。

实施更加严格的程序管理。1998 年《国家公园管理局特许经营促进法》将 1965 年法案规定的合约期限"无最长期限"更改为"一般为 10 年，最长可延至 20 年"。坚持推行严格的"公平公开招标—评标与授予—合同管理"三步走的过程管理（图2-1）。所有的特许经营项目均应符合国家公园特许经营计划（prospectus）。为减轻核算工作量和难度，国家公园管理局为年收益低于 2.5 万美元的项目设计了与其他项目不同的经营计划。

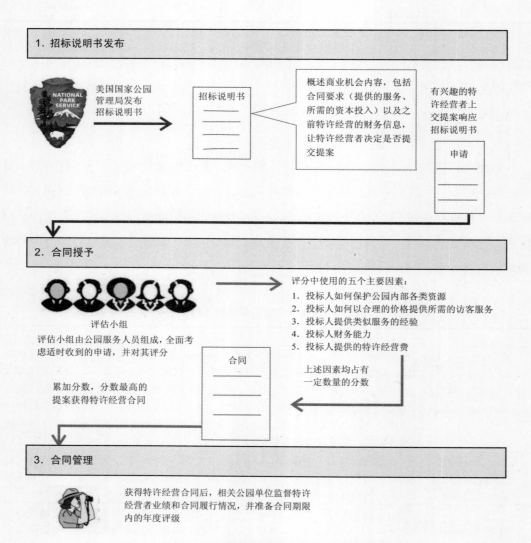

图 2-1　美国国家公园特许经营管理流程

资料来源：https://www.gao.gov/assets/690/682899.pdf。

4. 特许经营的经费管理制度

根据美国《国家公园组织法》规定，所有特许经营费都应上交至财政部专设的两个子账户中。此规定在 1998 年颁布的《国家公园管理局特许经营促进法》和 1999 年颁布的《20%特许经营费账户使用规定》中被修改为：各国家公园收取的特许经营费的 20%上缴给联邦财政，用于国家公园管理局特许经营服务的管理支出，且管理支出仅限于特许经营管理委员会费用、特许经营合同服务费用以及其他相关费用三个使用方向；其余的 80%留园使用（表 2-6），用途限定为公园生态与历史文化资源的保护、价值提升和公园设施更新等相关支出。新的制度均衡条件下，各国家公园管理单位的积极性有了明显提高。

表 2-6　美国国家公园特许经营项目费资金使用方向

	规定用途	主要内容
20%上缴财政	特许经营管理咨询委员会费用	行政管理、会议等相关费用
	特许经营合同服务费用	供国家公园管理局优化合同管理、拟定新项目合同、协助危机管理、费率核算、收费分析、可行性研究、项目评估等支出
	其他与特许经营相关的费用	其他与特许经营相关且必需的事务，如项目意见征求会会务费用等。此类支出仅在国家公园 80%特许经营留存基金不足的情况下方可使用
80%留存本园	保护费用	公园生态与历史文化资源保护
	参观服务	公园生态与历史文化价值提升
	公园设施维护	设施更新与维护

特许经营费确定的主要依据有三方面：

（1）净利润：根据同类经营者的实际利润情况，同时考虑季节性、承载量、可达性、人力及材料成本、项目重要性等因素，一般交通类特许经营项目的利润高于住宿类，住宿类高于餐饮类。譬如，根据国家公园管理局出台的《小型特许经营合同特许费征收指南》（*Guidance for Franchise Fees for Small Concession Contracts*），游憩类项目的特许经营费一般为净总收入的 3%，最高不超过 1000 美元；住宿类项目的特许经营费一般为净总收入的 5%，最高不超过 1000 美元。

（2）合同义务：特许经营合同规定的经营内容和模式也会影响特许费的收取。例如，美国 1998 年出台的《国家公园管理局特许经营促进法》要求特许经营者应保障更高质量的基础和服务设施设备，但由于成本投入增加，美国政府面向国家公园特许经营企业或个人征收的特许费用总体应有所下调。

（3）产品价格：国家公园不同产品的市场价格不同，利润差异较大，如交通类产品比住宿类高，而住宿类又普遍比餐饮类高，因此特许费的确定要考虑产品本身的价格差异。

推进了特许经营管理的信息公开。为保证特许经营费使用的公正性，特许经营者需提交反映被授权业务的年度财务报告，内容应包括收入表、资产负债表、总收入和运营情况。国家公园管理局不得向特许经营者索要或接受其给予的捐款或礼品，违反者依《国家公园管理局特许经营促进法》追责。

2.2.2　新西兰

1. 以《占有人责任法》为核心的特许立法保障

新西兰 13 个国家公园以《国家公园法》（1980）[①]为基本法。国家公园内的特许经营活动主要依据《占有人责任法》（*Occupiers' Liability Act*，1957）和《职业健康与安全法》（*Health and Safety in Employment Act*，1992）等相关法律法规进行管理。其中：（1）《占有人责任法》要求土地或建筑占用者在经过授权使用这些资产的过程中应确保参观者安全；（2）《职业健康与安全法》要求确保工作场所及其附近人员的人身安全；（3）《职业健康与安全规章》[*The Health and Safety in Employment（Adventure Activities）Regulations*]要求探险项目经营者应拥有确保安全运营的资格证书，且是新西兰工作安全局（Work Safe New Zealand）的注册成员。以上法律明确了国家公园特许经营博弈参与人的权利、责任和行为规范。立法结构的完善会减少制度转化所需成本，能促进国家公园特许经营制度的自我强化。

2. 根据活动排他性和土地性质实施差异化特许

在《保护法》（1987）[②]和《国家公园法》（1980）框架下，根据所涉土地的性质和经营活动的排他性差异，新西兰国家公园以租赁、许可证、许可、地役权四种形式委托了近 4500 个特许经营项目（表 2-7）[③]。其中，"租赁"形式的特许经营项目以排他性经营为典型特征，与"许可"形式的非排他性相对；"地役权"侧重对不同属性的土地进

---

① 1952 年出台，1980 年修订。

② 即 1987 年出台的 *Conservation Act*。

③ 资料来源：http://www.doc.govt.nz/get-involved/apply-for-permits/managing-your-concession/concession-statistic。

行使用授权，"一般许可"多是对不涉及土地权益和排他性等问题的资源利用行为授权。这种分类管理形成了良好的网络外部性，尤其是许可制度、地役权制度的发展成为其他国家或地区学习仿效的对象（Wyman et al.，2011；Eagles，2014），进一步强化了制度均衡。

表 2-7　新西兰国家公园特许经营的主要类型

类型	管理对象	示例
租赁（leases）	指容许特许经营者（leasee）在租赁土地上从事排他性的经营活动	如私人商业设施（如营地、信息中心等）、已有建筑或设施租用（如公共建筑）、水上活动（如独木舟、游船码头等）等
许可证（licenses）	指发放许可证容许特许经营者（licensee）在指定土地上开展非排他性的经营活动	如地面导览行为（如徒步、狩猎、捕鱼）、拍摄等
许可（permits）	指在不要求土地权益的情况下，授予特许经营者（permit holder）从事一定活动的许可	如航空器、解说材料、交通工具使用与停放（不得离开道路）、营地等
地役权（easement）	指产权所有人对其不可分的土地通过合法协议的方式，在不改变产权属性的前提下，容许他人开展相关活动	如水电管网、电线、修建通道等

注：摘自 *National park Act*（1980）2015 年修订版；地役权严格意义上不属于特许经营。

3. 结构化的特许经营收费制度

近 4500 个国家公园特许经营项目面临着巨大的管理成本[①]。新西兰根据税收等相关法律制度，向特许经营者征收管理年费、监管费、行为费等费用，加强特许经营费的结构化管理（表 2-8）。

根据特许时间的长短，新西兰将国家公园特许经营合同分为一次性特许（one-off concession）和长期特许（longer-term concession）两类。其中，对环境影响小且易管理，较容易确定时间长短，不涉及永久建筑利用的，今后三年内不再会有同样需求的项目，授予不长于 3 个月的一次性特许经营权；如果经营性项目时间不短于 3 个月，则界定为长期特许。国家公园不同类型的特许经营项目，参考特许合同约定的期限长度，确认收费标准（表 2-9）。虽然去中心化的特许经营管理制度改变了最初的平衡状态，但在复杂系统变化中通过制度分层转换的方式，避免了因制度变迁产生的过高成本。

① 资料来源：http://www.doc.govt.nz/get-involved/apply-for-permits/managing-your-concession/concession-statistic.

表 2-8　新西兰国家公园特许经营费构成

收费类目	收费原则
管理年费 （annual management fee）	在与新西兰保护部（DOC）的合同期内，根据合同的管理要求征收 150～500 新西兰元以及对应的特许服务费
监管费 （monitoring fee）	根据特许经营监管内容所需的保护部人员支出成本确定
经营项目费 （activity fee）	无论特许经营项目是否发生在保护地上，都对此行为征收项目费。根据具体经营项目进行差别定价，如导览许可证根据人头或服务天数收费、租用建筑则以房租形式确定

表 2-9　新西兰国家公园不同特许经营项目管理费构成

单位：新西兰元，含 GST[a]

类型	一次性合同收费标准	长期合同收费标准
地面导览类行为 （land-based guided activities）	146.50	1771
私人或商业设施 （private or commercial structures）	146.50	1771
已有建筑租用 （tenanting or using existing structure）	146.50	1771
水上摩托类活动 （watercraft activities）	146.50	1771
运动赛事 （sporting events）	264.50	1771
放牧 （grazing）	—	1771
导览徒步 （guided walking）	10 条以内徒步线路收取 460 新西兰元，每增加 10 条加收 132.25 新西兰元	
高空辅助狩猎 （aerially-assisted trophy hunting）	—	460 新西兰元，项目覆盖区域每增加 10 个区的面积，需另缴 132.25 新西兰元
飞行器 （aircraft）	146.50 新西兰元，使用私人飞行器为 50 新西兰元（另加 GST）	1771 新西兰元；如果使用私人飞行器则费用减半
拍摄 （filming）	264.50	1771

[a] 即 "plus GST"，商业服务税，相当于中国的增值税。实行由消费者负担的价外税，也就是由消费者负担，有增值才征税没增值不征税。目前新西兰的 GST 是 15%。

资料来源：http：//www.doc.govt.nz/get-involved/apply-for-permits/business-or-activity/。

2.2.3　加拿大

1.　以公园法为核心的特许经营制度

加拿大国家公园的特许经营管理具有国家、财政部和国家公园管理局三个层面的法律保障。国家层面，在《加拿大国家公园管理局组织法》（1998）、《加拿大国家公园法》（2000）、《加拿大国家公园条例》（2009）[①]宏观法律框架下，加拿大出台了《国家公园商业管理规定》《用户收费法案》（2004）、《加拿大国家公园管理局使用者收费与收入管理政策》（2006）[②]、《国家公园租赁与许可条例》（2010）[③]等法律法规和政策文件（表 2-10）。针对主要经营行为，加拿大还出台了专门的行为规章，如《国家公园垂钓条例》（2009）、《国家公园露营条例》（2009）、《国家公园村舍管理条例》（2009）等[④]。财政部的《不动产管理政策》和《不动产评估标准》为特许经营费的确定提供了法律依据。国家公园管理局也制定了特许经营收入管理、财务管理等政策性文件。

表 2-10　加拿大国家公园特许经营的法律基础

法律类型	法律依据
国家法律规章	《加拿大国家公园管理局组织法》（1998）、《加拿大国家公园法》（2000）、《使用者付费法》（2009）、《财务管理法》（2006）、《联邦不动产法》（1991）、《加拿大国家公园条例》（2009）、《国家公园建筑条例》、《国家公园租赁与许可条例》（2010）、《国家公园商业条例》（1998）、《国家公园垂钓条例》（2009）、《国家公园露营条例》（2009）、《国家公园村舍管理条例》（2009）等
财政部政策、导则、标准	《不动产管理政策》（2006）、《应收账款管理指令》（2009）、《不动产评估标准》（2006）等
国家公园管理局政策	《加拿大国家公园管理局使用者收费与收入管理政策》（2006）、《应收账款管理政策》（1995）等

资料来源：http://www.pc.gc.ca/leg/docs/pc/rpts/rve-par/84/index_e.asp。

总体而言，以《加拿大国家公园管理局组织法》（1998）和《加拿大国家公园法》（2000）为核心的国家公园特许经营管理制度体系，有效地保障了国家公园特许经营制度的稳定性。

---

① 即 *The Parks Canada Agency Act*；*National Parks General Regulations*。

② 即 *Parks Canada User Fees and Revenue Management Policy*，详见 https://www.pc.gc.ca/leg/docs/pc/rpts/rve-par/57/index_e.asp。

③ 即 *National Parks of Canada Lease and Licence of Occupation Regulations*。

④ 即 *National Parks of Canada Fishing Regulations*，*National Parks of Canada Camping Regulation*，*Parks of Canada Cottages Regulations*。

2. 以游人体验为导向的特许经营发展路径

《加拿大国家公园商业条例》（2009）[①]规定：公园内任何以赢利、集资或商业促销为目的的交易、产业、雇佣、占用等行为或特殊事件，即使是针对慈善组织或非营利性组织或个人的，都需经过许可（licence）。游客体验在加拿大国家公园特许经营中居中心地位，国家公园被加拿大人视为四大国家形象之一[②]。有调查显示，参观加拿大国家公园是国民形成"纽带感"（sense of connection）的基本路径。90%游览过国家公园的加拿大人认为已经形成了"纽带感"，而没有游览过的加拿大人也有 20%认为国家公园使之有了"纽带感"。国家公园的游览功能十分重要[③]，因此在国家公园特许经营项目的授予过程中，着重评估特许经营项目在增进访客对国家公园的理解、欣赏和愉悦享受上的积极作用和保障机制，同时也开发了游客行为管理数据库和危机评估管控系统，以提高旅游服务综合能力。

3. 实施以"许可"为基础的分类特许经营

加拿大根据国家公园经营活动与土地的关系，派发许可证、租赁、许可、地役权等不同的特许经营项目（表 2-11）。各类项目的实施均应遵守《国家公园条例》《国家公园商业条例》《国家公园租赁与许可条例》等法律法规，为制度均衡提供了保障。其中，"租赁"是指需要获取加拿大不动产租赁权的合同，一般包括不动产租赁协议和租赁许可。如果是活动授权，则应由国家公园管理局根据《国家公园条例》授权依法获得商业许可的经营者在指定地点获取、开发、运行和维护公园内的资源与设施。

表 2-11　加拿大国家公园特许经营的主要类型

类型	管理对象	示例
授权（licenses）	特定活动的批准或容许	允许在国家公园内开展交通、旅游、游憩或娱乐、零售等相关活动
租赁（leases of occupation）	一般与地产租赁有关	国家公园内的酒店、汽车旅馆、木屋、平房营及其他固定设施租赁
许可（permits）	事件许可（event permits）：具体某次活动的许可	某种有组织的事件活动

[①] 即 *National Parks of Canada Business Regulations*。

[②] 即 National Parks，Charter of Rights and Freedoms，Health Care and the Flag。

[③] http://www.pc.gc.ca/eng/agen/agen01.aspx。

类型	管理对象	示例
许可 （permits）	进入许可（land access permits）：因工程、研究或其他活动进入某地块的许可	工程进入许可、研究许可等
地役权 （easements）	按照合同约定，利用他人不动产（供役地），以提高自己不动产效益的权利	国家公园内的公共管网建设等

注："平房营"即 bungalow camp，不同国家的平房营外观不同。在加拿大特指一家人居住的单层房屋；地役权，严格意义上不属于特许经营的范畴。

几种特许模式中，以土地租赁收入占比最高，占特许经营总收入的 59.27%；其次为依托固定资产租赁产生的特许费，占比 10.72%；地役权占 6.37%；商业许可占 6.16%[①]。

4. 特许经营费留园制度

根据《加拿大国家公园管理局组织法》，国家公园管理局具有留存特许收入的权力，以保障国家公园正常运行和更好地为参观者提供服务。加拿大国家公园每年 1200 万加元的营业收入中，15%～20% 为露营收入，其他超过 50% 为公园入园费等，这些费用都被留在公园用作运营费用。根据商业类型，由国家公园管理局收取 3.90～294.40 加元的商业特许年费，并对合同额超过 1 万加元的特许经营项目进行公示。经费留园机制刺激了国家公园管理单位的特许经营管理积极性，但同时易导致旅游项目快速膨胀，使特许经营制度锁定在低效阶段，无法服务国家公园建构目标，进一步导致加拿大国家公园特许经营的制度消解。

2.3　国家公园特许经营的价值诉求

2.3.1　美国：必要、适当与效率

美国国家公园的制度特色体现在以保护为主和全民公益性为本的管理理念、兼顾保护和利用的管理思路和制度化的公众参与等几个方面（汪昌极和苏杨，2015）。美国实施特许经营制度的价值诉求主要有三点：

公众享受的必要性。特许经营项目的设施或服务对国家公园的公共使用和享受是必要（necessary）和适当的（appropriate），而且必须是公园外未能也不可能满足的。

保护方式的示范性。特许经营项目的设施或服务能够进一步推动对环境、公园资源

---

① 资料来源：Office of Internal Audit and Evaluation（2012）。

和价值的保护、保持和保存。

公园利用的效率性。特许经营项目的设施或服务有助于提高游客对公园的使用率和享受度，且不会对公园资源或价值造成不可接受的影响。服务质量是首要因素，是比国家公园收益更重要的原则。

2.3.2　新西兰：遵法、环保与公益

根据新西兰《国家公园法》（1980）第 49 节、《保护法》（1987）第ⅢB 部分针对国家公园的相关条款和《国家公园总体政策》①第 10.1（c）条，新西兰国家公园内的特许经营项目应遵循以下原则：

依法合规。特许经营项目应遵守相关法律法规、国家公园管理计划拟定的原则、目标及相关政策，不违背所在地块的建设目标。

环境保护。特许经营项目应以确保国家公园处于自然状态为前提，具有避免、弥补和缓解对国家公园负面影响的能力，尽量使用现有的服务和设施，最小化对公园价值的负面影响。

全民公益。能为人们的利益、使用和享受提供基本的设施和服务。

2.3.3　加拿大：公众可享与可得

《加拿大国家公园管理局组织法》（1998）②中对公园内特许利用的相关表述是："国家公园应通过游憩参观和旅游管理，为当代和后代保障生态的完整性和体验质量"，生态环境保护在加拿大国家公园立法上具有优先性。2007 年，加拿大国家公园管理局为应对人口、技术、休闲方式及国际旅游流等外部情况的变化，基于新的发展视角③提出了复兴项目计划（renewal of programs），即"深入理解加拿大的本质，连接到您的内心，让加拿大珍贵的自然与历史地成为更生动的遗产"。国家公园特许经营项目的定位随之出现了新转向，重新强调"生态环境保护"优先。正如《加拿大国家公园管理局导则与运行政策》④所规定，国家公园内所有商业设施的提供应基于以下目标：

增进公众对自然环境的理解、欣赏与愉悦感。国家公园内特许经营项目的设施与服务

---

① *General Policy for National Parks*。

② *The Parks Canada Agency Act*。

③ 见 http://www.pc.gc.ca/eng/docs/pc/plans/rpp/rpp2013-14/sec01/sec01a.aspx。"Canada's treasured natural and historic places will be a living legacy, connecting hearts and minds to a stronger, deeper understanding of the very essence of Canada"。

④ *Parks Canada Guiding Principles and Operational Policies*。

应有助于增进加拿大国民和国际游客对自然环境的理解和欣赏能力，促进其精神愉悦。

增加公众的游憩参与机会。国家公园内特许经营项目的设施与服务能为公众提供更多的游憩参与和体验机会，使公众形成"纽带感"。

面向公众的可得性。国家公园内特许经营项目的设施与服务可让更多公众获得享受。

特许经营目标的转向使加拿大原有的国家公园特许经营制度难以自我强化，对应法律法规体系的转换成本增加，外部性和学习效应削弱，对新环境下的制度适应性预期变弱，出现了制度消解的趋势。

2.4　国家公园特许经营的机构建设

2.4.1　美国

根据特许经营管理规划，由地区局局长代表美国国家公园管理局局长和相关公司、合作企业或个人签署特许经营合同。由局长确定必要的公众使用和地区娱乐之游客服务，并且将其提供给游览这些地区的公众。

国家公园管理局——主管机构。依据《国家公园组织法》，联邦政府在内务部下组建国家公园管理局，并授权其对国家公园内特许经营项目行使管理职能，具有订约权。国家公园管理局行使对特许经营项目的监管职责：（1）审查合约履行情况和财务活动；（2）评估游客设施、商品与服务质量；（3）检查特许经营者的健康、安全、风险管理以及环境项目实施情况；（4）监管并批准相关的服务定价与收费标准。2000 年美国审计署报告结果显示，国家公园管理局对各国家公园单元的特许经营没有直接管理权限，无法掌握全面的特许经营信息。因此，美国国家公园管理局进行了特许经营管理职能的中心化调整，将年收入超过 500 万美元或合同期超过 10 年的合同审查职能收归国家公园管理局，由其确定合理的租赁出让权益，避免租赁出让权益过高而降低竞争性；其他合同，地区局有权根据实际情况确定特许经营费。

特许经营管理咨询委员会——咨询机构。美国国家公园的特许经营事务由"特许经营管理咨询委员会"（Concessions Management Advisory Board，CMAB）管理。该委员会是根据 1998 年《国家公园管理法》（*National Parks Omnibus Management Act*）设立的，负责就国家公园体系中的特许经营事务向国家公园管理局和秘书处提供咨询服务。其具体机构职能如下[①]：（1）确保特许经营项目具备必要性和适当性，对资源与资源价值的影响应最小；（2）拟定和提出促进国家公园特许经营项目及其管理过程中的增效减负政策；（3）决定商业服务合约期限，明确设施类型、规模、地点、运营安排、定价等内容，发布招标公告，选出最佳中标机构和个人，检查和审批特许经营费及特许经营项目价格；（4）规定特许经营项目的属性与范围[②]；（5）确定特许经营费的征收方案，由委员会向秘书长提出特许经营费率方案；（6）编纂年度报告，向众议院资源委员会和参议院能源与自然资源委员会提交年度报告——《国家公园特许经营项目评估报告》。特许经营管理咨询委员会由非联邦政府雇员且与国家公园特许经营活动无利益关系的美国国民构成（表 2-12），人数不超过 7 人，任期不得超过 4 年，接受秘书长监督。

表 2-12　美国国家公园特许经营管理咨询委员会成员结构

席位	成员类型
席位 1	具有丰富的酒店、餐饮、游憩服务管理知识与经历，从事接待业的行业代表
席位 2	从事旅游业的行业代表
席位 3	从事会计行业的行业代表
席位 4	从事私人装备制造业和导览服务业的代表
席位 5	有丰富国家公园特许经营管理经验的州政府雇员
席位 6	活跃于传统艺术和工艺品开发领域的代表
席位 7	参与公园及游憩相关项目的非营利保护组织的代表

内务部审计署——监管机构。国家公园的特许经营接受内务部审计署的监察。

2.4.2　新西兰

保护部——主管机构。新西兰保护部[③]主管新西兰占陆地面积（860 万公顷）近 1/3 的公共保护地以及海洋保护地（368 万公顷），包括 13 个国家公园、960 个棚屋、1.4 万条公路小道、2200 千米的道路、595 处历史保护地、330 个营地、24 处游客中心、44 个国家海洋保护地和 8 个海洋哺乳动物栖息地[④]。保护部作为国家公园特许经营服务事

---

① 根据 16 USC 5958 - *National Park Service Concessions Management Advisory Board* 设置，并服从 *Federal Advisory Committee Act* 的规定（资料来源：http: //law.onecle.com/uscode/16/5958.html）。
② 这里指印第安、阿拉斯加和夏威夷等原住民的手工艺品。
③ 1987 年，根据《保护法》，新西兰自然与文化遗产管理的权威部门由国土部（Department of Lands and Survey）、林业局（Forest Service）、野生生物管理局（Wildlife Service）等部委整合而成。另外，新西兰在 1987 年成立了咨询机构"新西兰保护局"（New Zealand Conservation Authority，NZCA）。
④ 资料来源：State Services Commission，the Treasury and the Department of the Prime Minister and Cabinet，*PERFORMANCE IMPROVEMENT FRAMEWORK：Follow-Up Review of the Department of Conservation*，2016。

务主管机构，代表政府向公众提供酒店、营地、小屋、滑雪吊索等设施设备。特许经营
项目运营接受保护部全程监督。

2.4.3　加拿大

加拿大国家公园管理局——主管机构。加拿大国家公园管理局隶属环境与气候变化
部，代表国家管理国家公园、国家历史地、国家海洋保护区，为当代和后代人留下具有
生态完整性（ecological integrity）和纪念完整性（commemorative integrity）的遗产地，
增进公众理解、欣赏和愉悦体验。国家公园管理局负责制定全国遗产地使用规章制度和
发布商业活动许可。为推进小型特许经营项目管理的去中心化，由地方国家公园管理局
负责导引和户外装备类项目的许可批准。

《加拿大国家公园法》规定：国家公园管理局需每两年向众议院汇报国家公园体系
的整体情况，包括特许经营管理；每两年召开一次部长圆桌会，总结国家公园体系上两
年工作进展，并接受公众监督。

2.5　国家公园特许经营的业务范围

国家公园特许经营项目一般是与消耗性地利用核心资源无关的经营服务项目。各国
在国家公园管理目标框架下，基于千差万别的资源条件，向公众提供的特许经营服务项
目各异，但主要涉及餐饮、住宿、游览服务、零售等领域。

2.5.1　美国：以零售、餐饮、住宿为主

美国国家公园中导游服务、餐食、骡马使用、一般租赁、水上交通等项目类型涉及
的特许经营企业数量较多，约占总数的 83%（图 2-2）。公园内交通、通信等公共基础设
施特许经营项目较少，并受到严格限制。

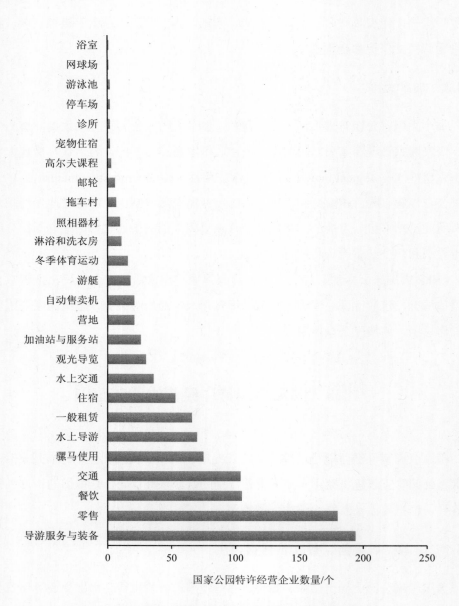

国家公园特许经营企业数量/个

图 2-2　美国国家公园特许经营业务的供给企业数量

数据来源：据 NPS 公示资料整理，见 https：//concessions.nps.gov/concessioners.htm，2017 年 3 月。

　　从数量上看，特许经营合同以导游服务与装备供给、零售、租赁、交通和餐饮服务为主（图 2-3）。从收入上看，国家公园中餐饮、住宿、零售三类项目分别占特许经营商总收入的 20%、20%、25%，合计达总收入的 65%。

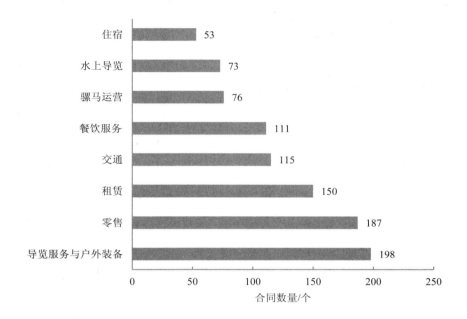

图 2-3　美国国家公园特许经营合同项目类型结构

说明：资料来源为 GAO Analysis of National Park Service；同一合同可能含多种项目类型。

国家公园内的特许经营项目通过国家公园计划提出，主要包括六种基本类型（表 2-13）。近几年，美国国家公园公共财政支出不断增加，调整特许经营范围的呼声越来越高，如何在保障适当性的前提下丰富特许经营业态被提上了日程。

表 2-13　美国国家公园特许经营产品类目

主类	亚类
住宿	度假酒店、汽车旅馆、木屋、露营地等
餐饮	餐厅、咖啡馆/茶室、移动餐车/小吃摊、营地商店等
导游服务	观光专线、教育解说专家、活动项目（针对儿童游憩）、徒步运动/漂流/泛舟/骑马
零售	地图和导游图、图书、宣传册、户外装备（含照相器材）、特色服装、手工艺品、玩具等
交通	水上交通、骡马、邮轮游艇、停车场、加油站/服务站
其他	网球场、宠物住宿等

2.5.2　新西兰：以住宿、导览为主

新西兰特许经营项目以游憩项目最多。2014 年仅住宿、向导式参观、地役权①等特许经营项目就达到 1632 项，其次为建筑物租赁，共 851 项，再次是传统放牧，计 708 项（图 2-4）。

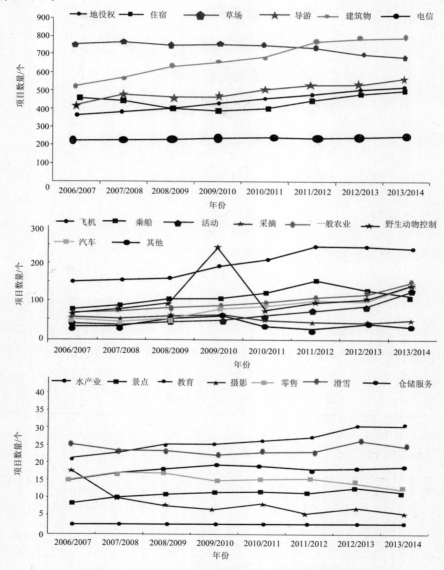

图 2-4　2006—2014 年新西兰特许经营项目的数量结构

① 此处地役权（easement）或进入权（access）是指公共保护地上的商业和私人活动，如电、水、气、电信等商业活动，都需得到保护部的许可。详见新西兰保护部的解释：http://www.doc.govt.nz/get-involved/apply-for-permits/business-or-activity/access-easements/。

特许经营产品类型主要包括：（1）住宿；（2）水陆空交通服务；（3）商业性教育服务；（4）向导服务（包括狩猎、涉水、徒步、攀岩、滑雪/冰、皮划艇/独木舟等）；（5）冰场；（6）蹦极地；（7）商店、茶室、饭店、汽修及其他租赁服务；（8）独栋休闲屋、通信设施、采摘、放牧等特色服务项目。

2.5.3　加拿大：以游憩、住宿、零售为主

由于加拿大特许经营的公开信息有限，无法获知特许经营项目的数量结构，但从产品类型上看，加拿大国家公园特许经营项目主要包括游憩项目（如户外装备、导览）、住宿（露营、木屋、酒店）、零售（酒水、百货、自动售卖机）。

2.6　主要成效与关键问题

2.6.1　主要成效

1. 特许经营项目有效地改善了国家公园经营现状

以美国为例，1998 年颁布实施《国家公园管理局特许经营促进法》后，续租、竞标、服务质量、设施维护等问题得到纠正，国家公园特许经营项目收益增长显著，从 2004 年的 276 万美元增长到 2014 年的 854 万美元，年均增长率达 12%；同期，特许经营者的总收益从 2004 年的 8048 万美元攀升至 2014 年的 13 亿美元，年增长 5%。国家公园管理局采取专业化的财务分析模型、对外咨询和商家竞价等手段，使得更优秀的特许经营者进入国家公园特许经营事业之中（Mcdowall，2015）。59 个国家公园共批准特许经营项目 580 个、租赁协议 120 个以及商业利用授权 6000 份。

新西兰的国家公园特许经营项目持续增长，从 2006 年的 3380 个项目发展到 2014 年的 4470 个，年均增长接近 30%（图 2-5）。2015 年 13 个国家公园特许经营收入共达 150 万新西兰元[①]。

---

① 资料来源：State Services Commission，2016。

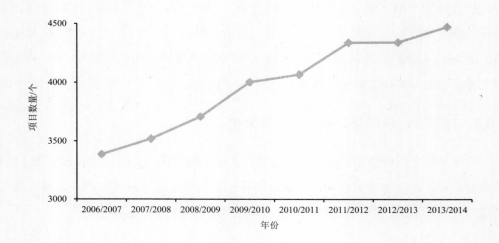

图 2-5　2006—2014 年新西兰特许经营项目数量

数据来源：http：//www.doc.govt.nz/get-involved/apply-for-permits/managing-your-concession/concession-statistic/。

　　加拿大国家公园管理局下辖的国家公园、国家公园保护区、国家海上保护区、国家风景区、国家历史遗迹等保护地年创收共约 33 亿加元[①]，其中 38 个国家公园的特许经营、游憩收入是国家公园收入的重要构成部分（图 2-6），约相当于国家公园运营成本的 15%[②]。

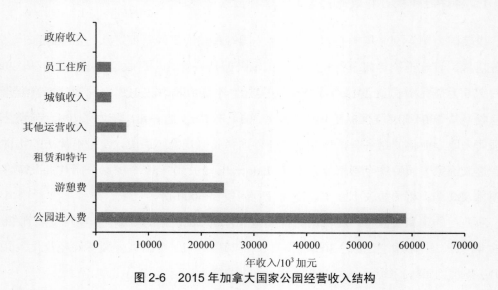

图 2-6　2015 年加拿大国家公园经营收入结构

资料来源：http：//www.pc.gc.ca/en/agence-agency/dp-pd/ef-fs/2014-15dpr#notes05。

---

① 资料来源：Parks Canada Agency's 2015-16 Departmental Sustainable Development Strategy。

② 数据来源：Office of Internal Audit and Evaluation，2012。

2. 特许经营项目是带动地方就业和经济发展的重要途径

特许经营项目对国家公园等保护地的带动作用，不仅在发达国家得以验证，在一些发展中国家也同样见益普遍。Thompson（2008）曾对纳米比亚 Etendeka 山区营地的特许经营制度效益进行了对比研究，发现特许经营制度在增加本地就业、保证社区利益、提高游客体验、增加地方收入等方面都发挥了积极作用（图 2-7）。

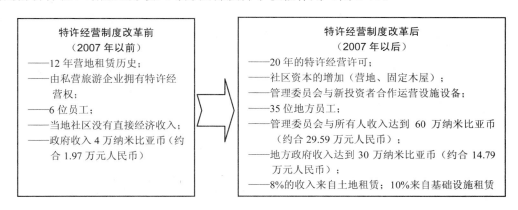

图 2-7　纳米比亚 Etendeka 山区营地特许经营项目实施前后效果对比

资料来源：Spenceley，2009。

3. 特许经营模式是保持国家公园活力的重要依托

特许经营模式的典型特点是由企业提供专业化的设施与服务。通过竞争获得经营机会的企业，相对政府及其他竞争者，在市场适应力、价格调整、资本运营、劳动雇佣，以及基础设施建设、维护和管理能力等方面具有相对优势（Thompson et al.，2014），拥有更强的升级产品、更新设施和服务的积极性。充满活力的特许经营项目往往是国家公园吸引更多参观者的主要依托。

2.6.2　关键问题

美国、加拿大和新西兰特许经营管理适用的制度背景、价值诉求和管理模式不同，遇到的典型特许经营管理问题也有所差异，见表 2-14。

表 2-14　美国、加拿大、新西兰国家公园特许经营管理面临的主要问题

国家	主要问题	原因解析
美国	1. 特许项目竞标存在不完全竞争性； 2. 国家公园管理局财务信息申报不及时、不准确； 3. 企业在资产维护和更新问题上持摇摆态度； 4. 国家公园管理局追踪特许经营进程的目标不清楚； 5. 特许经营合同审查效率低	1. 个别大型特许经营商的垄断地位降低了政府的谈判能力，造成不完全竞争，小型特许经营商享有优先续约权，同样造成不完全竞争； 2. 财务管理系统存在缺陷； 3. 政府与企业间责权划分不清楚； 4. 管理计划的绩效目标不清晰； 5. 人员短缺导致审查期过长
加拿大	1. 生态优先目标偏离：基础设施改造项目增长过快，强调依托设施而非基于自然的参观者体验，甚至超出"必须"原则允许范围，科研环保投入不增反减，旅游人力资源投入增加 [a]； 2. 信息公开不充分：国家公园双年汇报制度未落实，部长圆桌会忽视生态保护、关注旅游促进； 3. 管理计划更新迟缓（从 5 年改为 10 年）； 4. 发票开具系统未统一，难以跟踪监管	1. 监管制度的不完善导致国家公园特许经营管理有法不依、执法不严、违法不究； 2. 特许经营项目的分级授予机制，导览、户外活动等小型项目交由地方局审批，导致小型项目增长过快； 3. 特许经营费留园的制度设计，一方面提升了国家公园管理机构发展旅游的积极性，另一方面削弱了生态环境保护责任意识； 4. 财务监管系统有待改善
新西兰	1. 行政效率较低：合同处理周期一般要 18 个月以上； 2. 一次性特许经营项目数量增长超速	1. 决策支持系统设计不合理、信息化程度不高； 2. 完全竞争规则和地方授权机制，使项目数量超出控制

注：美国部分参考 *National Park Service Concessions Program Has Made Changes in Several Areas*，*but Challenges Remain*（GAO，2017）。2000 年评估报告指出，美国国家公园特许经营存在的主要问题是专业人才培训不足，管理机构合同监管能力不足，导致合约超期问题突出；总部、地区局和各国家公园在特许经营中的权责划分不清晰。加拿大部分参考 *Canada Parks and Wilderness Society*（*CPAWS*）。

[a] 根据 *Park Canada Report on Plans and Priorities*，2015 年的国家公园保护费用预算为 9930 万加元，仅占国家公园预算的 13%，但参观者体验项目预算达到 2.028 亿加元，超过保护费用预算的 2 倍。

　　从本质上看，国家公园特许经营的关键问题涉及竞争机制、监督机制、资金机制三方面内容。

1. 公开竞标与自然垄断：如何设计优选规则？

　　国家公园内特许经营项目多属于政府无法确保高效运营的公共服务，但特许竞标过程则需要根据不完全竞争规则，综合考虑社区利益、地方发展、环境影响和经济效益等因素。如果采取完全竞争的方式向社会资本开放，则无法保障社区利益和地方发展权利，

同样会衍生出新的不对等的竞争关系①。因此，针对不同项目建立区别化的受让主体优选秩序成为国家公园特许经营的一大难题。

　　由于无法以简单的竞争原则确定受让主体，自然垄断问题在国家公园特许经营中不可避免。在美国国家公园商业服务计划（Commercial Services Program）所涉的 580 个特许经营合同中，60 个合同的总金额占 10 亿美元年度特许经营收入总额的 85%，形成了由 Xanterra、Delaware North、Forever 和 Aramark Leisure 四大经营商高度垄断国家公园特许经营项目的格局。小型特许经营商多在偏远、小型和游客稀少的国家公园里提供一般商品和服务。

　　美国通过特许经营合同、商业利用授权和租赁三种形式进行分类特许。为鼓励地方中小型企业参与，对一般年收益低于 50 万美元的项目给予优先续签权。新西兰根据经营项目的排他性情况，结合所在地块的性质，将特许分为租赁、许可证、许可、地役权四种类型。对环境影响较小的导览、飞行器租用、小型活动等项目，由地方局负责授予最长 3 个月的一次性特许。与美国不同的是，特许权下放到地方局后，特许经营项目增长过快。因此，通过设定不同的前置规则，一方面可实现特许竞标人的分流分类竞争，提高竞争充分性；另一方面也可兼顾特许权的科学配置。

他山之石：Xanterra 公司与大峡谷国家公园的特许经营

　　Xanterra 公司与大峡谷国家公园的特许经营合同到 2014 年年底结束。为此，依据《国家公园特许经营管理促进法》，国家公园改变了以往的无竞争授权的经营政策，打破了四大特许经营公司的长期垄断，改为采用竞标的办法选择授权特许经营商。在近百年的经营时间里，Xanterra 公司花费在大峡谷南麓各种经营设施上的投资近两亿美元。如果国家公园不再与 Xanterra 公司续签合同，该公司有权要求赔偿，届时新特许经营商或国家公园需付给 Xanterra 公司 1.57 亿美元的费用损失——租赁转让权益。可是，没有其他经营商愿意补偿 Xanterra 公司如此高额的损失。2017 年 8 月底，大峡谷国家公园采取新措施，公开抛出一份为期长达 15 年、总金额高达 10 亿美元的特许经营合同招标书。为了能够实现这一目标，国家公园管理局规定，中标经营商只需付给 Xanterra 公司 5700 万美元，国家公园自己从其他国家公园借贷 1 亿美元来弥补不足部分；同时，国家公园把新合同的专营权费用比例从 3.8% 提高到 14%。即使要付出巨额赔偿代价，国家公园管理局相信：从

---

① 本书主张"不对等"包括两层含义，一是完全竞争是对社区传统发展权的相对剥夺，是相对社区发展造成的不对等关系；二是社区优先发展，造成的不完全竞争。因此，如何平衡两者关系，优选规则的设计十分重要。

长远来讲，采用竞争机制选择出的特许经营商更能为游客提供优质公平的商品和服务。大峡谷国家公园的主管戴维·尤伯尤佳说："竞争才能确保优质的服务，满足游客所需，并让政府得到更高的回报。"

　　资料来源：http://www.hdb.com/article/xu4l.html。

2. 合同关系与权利放任：如何监督与纠偏？

　　国家公园特许经营项目合同契约关系中，特许人（政府）和受让人（企业/原住民集体/个人）间的特许关系具不对等（妥协性）的先天特征。如果缺少科学规制的特许经营制度安排，较易滋生四类问题：一是生态保护目标，特许经营合同关系无法保障生态保护的优先地位；二是经营者权益，在政府违约情况下，特许经营受让方利益将无法得到保障；三是经营项目数量，特许人的权力放任导致经营数量超过生态和社会承载量；四是经营项目质量，特许经营项目的体验质量、卫生条件、经营安全缺乏监督，难以保障。

他山之石：加拿大贾斯伯国家公园的冰川玻璃天桥项目

　　2014 年，贾斯伯国家公园（Jasper National Park）启动了冰川玻璃天桥项目（Glacier Skywalk）。环境专家和地方社区居民反对此项目的实施，认为玻璃天桥项目不仅威胁野生生物的生存环境，而且会造成国家公园的过度商业化。项目支持者则坚持，玻璃天桥项目将为公园参观者提供更加独特和新奇的体验。结果项目实施的第一年，参观者就超出预期，对生态环境造成了威胁。

　　在失衡不对等的契约关系下，规制失效的最终结果是让国家公园止步于"纸上公园"。如何建立与公平、公正制度相匹配的监督管理水平和纠偏机制也十分重要。美国国家公园通过商业性游客服务规划/特许经营管理计划、信息公开制度、业务评估制度和监察制度来完善特许经营项目的责权划分和监督机制。新西兰国家公园特许经营项目则需经过环境影响评估，确定项目实施对生态环境保护和公园目标不相违背，方可授予特许经营权。另外，特许经营项目监督在各国都存在不同程度的问题，信息公开的形式不是监督的全部，信息公开的内容、方式、监察的持续性和反馈机制也十分重要。

3. 公益导向与竞争激励：如何确定最优资金机制？

特许经营机制的开展应以不违背国家公园的公益性导向为前提，但作为经营活动，如何兼顾公益与效率，资金机制的设计十分关键。美国最初采取了收支两条线制度，特许经营收入全部上缴公共财政，国家公园的保护与科普游憩投入根据预算由联邦财政统一支出，收支两条线制度使各地方国家公园管理局的公益服务角色得到加强。但是，随着中央财政压力的加大，国家公园管理局对各国家公园特许经营效益提出了新的要求，因此选择并启动了公园经费留存制度（80%留园）。这激发了地方局参与经营管理和监督的积极性，特许经营项目管理效率有明显提升，但是同时也伴生了特许经营项目增长失序、偏离环境保护目标的"激励不相容"的现象，这也是很多国家国家公园特许经营管理面临的核心问题（Benitez，2001）。因此，优选国家公园特许经营资金机制首先应考虑如何平衡公益导向与竞争激励的关系。

第 3 章　中国自然保护地的特许经营管理

3.1　中国自然保护地特许经营管理现状

3.1.1　政策环境

中国自 1980 年代中期公共事业领域开始出现项目融资模式，但包括特许经营在内的公私合营模式还是在 1990 年代后才逐渐开始发展的（见表 2-1）。从时间脉络上看，中国的特许经营制度经历了顶层设计缺失、操作缺乏规范性的外资融资主导期（1990年代中后期）、由国有企业为主体的公用事业市场化格局的国企主导期（2000—2010 年代中前期），后逐渐走向规范化管理的社会资本主导期（2010 年代中期以来）。随着《关于在公共服务领域推广政府和社会资本合作模式的指导意见》和《基础设施和公用事业特许经营管理办法》的出台，中国进入了社会资本参与公用基础设施建设的新时期[①]。

3.1.2　主要模式

1990 年代后，随着中国遗产类景区进入经营权市场化阶段，加之保护地体系本身存在多头交叉重叠等管理问题，经营权市场化涉及各种自然保护区、森林公园、地质公园、湿地公园等自然遗产地类型，实践中出现了几个主要的市场化模式，并积累了丰富的经验（表 3-1）。

[①] 明确了特许经营是指"政府采用竞争方式依法授权中国境内外的法人或者其他组织，通过协议明确权利义务和风险分担，约定其在一定期限和范围内投资建设或运营基础设施和公用事业并获得收益，提供公共产品或者公共服务"。确定了能源、交通运输、水利、环境保护、农业、林业、科技、保障性安居工程、医疗、卫生、养老、教育、文化等 13 个政府特许经营领域。根据财政部颁布的《关于印发政府和社会资本合作模式操作指南（试行）的通知》（财金〔2014〕113 号），中国的 PPP 模式与亚洲开发银行的分类基本一致。

表 3-1　中国自然保护地特许经营的主要模式

主要不同点		特许经营模式		
		内部转让经营权	整体转让经营权	部分转让经营权
所有权代表		地方政府	地方政府	地方政府
经营权代表		景区管委会/国有景区企业	受让企业/股份制公司	国有控股（上市）公司
公益性保障	资源保护优先性	√		√
	公平性	√		
经营管理效率	经营效率		√	√
	营利性		√	√
	社区发展			√

从公益性和经营效率两个目标维度看，三种主要模式都存在不足：内部转让经营权模式以景区管委会或国有景区企业为经营权代表，经营权代表与地方政府之间关系密切，在保障公益性方面具有相对优势，但存在审批程序复杂、影响经营效率等问题；整体转让经营权模式授予委托方自然保护地整体范围内的经营权，具有整体性和长期性的特点，但受许企业在完全经济人的冲动下容易导致过度开发（如黄山索道）和公益性下降（门票上涨），会引发部分资源消耗性项目，易导致环境破坏、遗产资源价值损耗，并滋生新的管理治理问题。部分转让模式中，当地政府吸引资本组建经营管理公司或者国有企业上市政府控股，接管景区转让的部分经营权，通过正式的契约合同方式约定资源保护的优先性，同时也能兼顾经营效率，政府的第三方角色有利于协调企业与社区居民关系，但此模式容易出现门票持续增长的情况。

3.2　中国自然保护地特许经营管理的主要问题

3.2.1　范畴问题：伪特许经营

常见的伪特许经营有两种。一是将自然资源国家公产等同于自然资源国家私产，扩大特许经营项目的内涵。国有自然资源可以分为国有自然资源公产和国有自然资源私产（马俊驹，2011）（图 3-1），"国有自然资源公产"指保持自然状态而未被利用的资源及其资源本底，与人类生存密不可分且其使用不受公民行为能力是否完整、经济是否富裕、人格是否健全等因素的影响，是所有公众广泛享有的基本权利。其中，阳光、空气、河流、海岸等自然资源应为公众自由使用、全民享有，为第一赋权；附近居民在长期人地交往过程中形成的与自然生态系统相协调的传统利用权为第二赋权；为避免使用人之间的冲突，通过对"进入者限定"以保障使用质量的行为许可为第三赋权。"国有自然资源私产"是指除以上公产之外可以进行非消耗性利用的，可实现公共自然资源国家所有权与私人资源性产品经营权分离的国有自然资源，此为第四赋权。狭义的特许经营主要面向国有自然资源私产，其优先权低于公众自由使用、公众习惯使用、一般许可使用等自然资源使用形态（欧阳君君，2016a）。

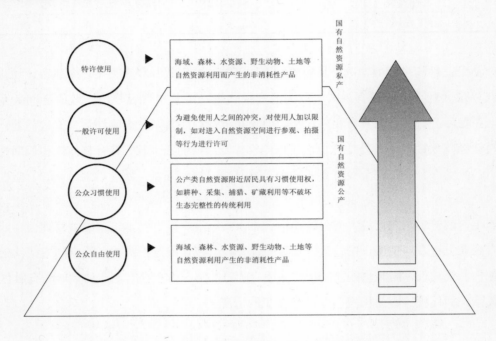

图 3-1　国有自然资源的分类、使用形态与赋权顺序

当不同资源利用方式冲突时，赋权顺序是重要的判定依据。将遗产地整体转让经营，或由特许经营者向公众征收进入费，或试图转让原住民传统利用权等自然资源公产使用权的市场化行为，一定程度上都是对公众基本权利的损害，也扩大了自然资源特许经营的范畴。

二是将政府购买服务等同于特许经营，扩大特许经营项目的外延。如果政府将原本应由财政资金购买的教育解说、员工培训等没有运营环节、不具有使用者付费性质的项目也包装为特许经营项目，势必将成本转嫁给公众。

他山之石：国家公产与国家私产

　　中国现行立法只是从宪法所有权角度对自然资源进行一揽子保护，并没有考虑从自然资源民法的所有权角度对自然资源的保护与管理构建详细的规则，所以导致《物权法》罗列的国家所有自然资源客体范围事实上涵盖了两个不同的类型：一种是公共性极强，关系到每个公民生存必需，不适宜纳入私权调整规则的自然资源；另一种是与公民生存保障关联性没有那么强，可以接受私权规则调整的自然资源。若不加以区分而强硬地对全部国家所有的自然资源套用私权调整规则，这种做法对自然资源的保护和私法体系纯粹性的保持都是有害的。

　　因此，中国应该建立面向公共利益的自然资源国家公产制度，以保障社会共同体的全体成员能够平等分享自然资源利益。其本质上是排斥私人所有权的，包括国家私有。国家只能作为公共管理机构而非民事主体对自然资源国家公产享有一定程度的保护和管理职责。那些与人类生存密不可分的自然资源应划分为国家公产，这些资源的使用不受公民行为能力是否完整、经济是否富裕、人格是否健全等因素的影响，是所有公众广泛享有的基本权利，是直接向公民个人的赋权，是对人性的最基本关怀……

　　中国同时应配套建立公私兼顾的自然资源国家私产制度，将公共性没有那么强的自然资源划归为国家私产。国家私产享有排他性的民事权利，任何公民和组织使用这部分自然资源要获得国家的许可和授权。国家作为自然资源资产所有者，拥有对所有财产的自主处分权。通过协商一致和彼此竞争，实现自然资源资产运作最大化目标，行使占有、使用、收益和处分等权能。国家对于自然资源国家私产不仅享有控制所有权，而且享有收入所有权。

　　资料来源：摘自《自然资源国家所有权及其实现》（张一鸣，2014），有删减。

3.2.2　体制机制问题：偏离公正效率目标

　　特许经营中的政府"合法性危机"。目前，中国国有自然资源所有权实际上由地方政府或相关行政职能部门行使。由于地方政府追求经济发展的逐利动机，导致特许经营项目泛滥，从而引发政府的合法性危机[①]。

　　宏观层面特许经营管理职能交叉。管理权与经营权分离后，如果职能界定不清晰，则不仅会降低行政效率，且会增加受许企业负担。特许经营合约谈判、签订过程中无法

---

① 此处政府合法性，也指政治合法性（political legitimacy），政治上被公众认可的正当性和正统性，如以政绩合法性为目标的地方政府诉求，存在现实的合法性困境。

确定具有合法代表资格的主管部门，违约事务处理过程中无法确认法律责任承担部门，这都会增加受许企业的经营风险。正如今日中国的公私合营管理出现了两部委、两套法令并行的现象。

政府缺位社会正义性的维持。受社会达尔文主义的影响，自然保护地特许经营管理重视竞争规则的设置，但"优胜劣汰、适者生存"的竞争规则，使自然资源使用权被社会强势群体垄断，形成对自然资源的"圈占"，政府在此过程中，应当发挥保护弱势群体生存机会的社会正义功能，促进社会正义。

特许经营管理中诚信监管不足。政府的承诺和保证是特许经营中的国际惯例，这有利于降低社会投资人的风险，保障其合法权益，吸引他们投资保护事业项目。目前中国保护地管理体制改革背景下，体制、机制、政策的变化和领导任期制和社会性监管不足等现状制约着保护地特许经营管理的政策持续性、社会公平性与正义性。

资金机制未实现公益、公平、公开。自然保护地门票价格逢听必涨，不断将经营成本转嫁给消费者，以及政府对特许经营补贴政策的不公开和不透明，都会进一步加剧特许经营定价的不确定性。对公共服务和产品价格构成要素及监管范围缺乏明确规定，以及特许产品范围的随意性也将加重业已泛滥的"搭便车"收费现象。

3.2.3　法律问题：法律关系不清晰

《行政诉讼法》将政府特许经营协议的属性界定为"行政协议"，据此政府和社会投资人是不平等的行政管理关系，与财政部的《政府和社会资本合作模式操作指南（试行）》等文件对政府与投资人关系的界定相矛盾，不清晰的法律关系不利于特许经营协议的执行和纠纷处理。

合同期限较长伴生有不完备性。由于技术、需求、政策等经济技术环境的变化，自然保护地管理实践中常见 20～30 年的长期特许合同。如果合同制定不完备，回避退出机制、风险保障等关键问题，易引致合同中途夭折。

3.3　中国国家公园特许经营管理面临的挑战

综上所述，结合具体国情，当前中国开展国家公园特许经营需要解决的主要问题是特许经营项目范围的界定、与部门的关系、与企业的关系、与法的关系、与资金的关系，以及与社区发展的关系（图 3-2）。

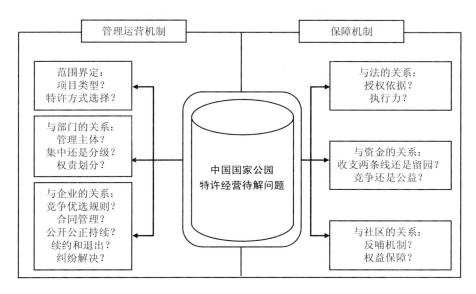

图 3-2　中国国家公园特许经营主要待解问题

3.3.1　项目范围划定与特许方式选择

特许经营只是资源利用的一种管理方式，但不是唯一的优先方式（欧阳君君，2016a）。为避免特许经营项目的泛化，中国国家公园特许经营项目范围应注意区分政府购买支付和政府特许经营之间的边界，注意区分自然资源国家所有权和经营使用权流转之间的关系。目前中国国家公园体制试点区的土地权属结构和地方对生态资源依赖程度的复杂性（方言和吴静，2017），决定了国家公园特许经营机制实施的复杂性。

原则上，应在坚持国家公园公益性的前提下，确保园内公共交通、通信、水电基础设施和保护、教育、科普研究等体现全民公益性的项目由政府购买支付。在不破坏生态环境的前提下，将可以转化为资源性产品的自然资源，如依托自然生态资源的特色旅游、住宿、餐饮、零售、特色交通工具等服务项目，通过特许经营的方式吸引社会资本进入。

目前，中国面临着更复杂的产权关系和现有经营管理机制的双重约束。在自然资源国有化进程中同步推进特许经营机制时，应如何对不同产权关系下的自然资源的使用权和经营权进行更精准、科学、规范、有序的转让，以及其他国家的多样化特许模式如何在中国加以本土化借鉴和应用，这些问题仍需在实践中找到答案。

3.3.2　法定授权及其部门关系

中国特许经营管理制度中以城市公用事业公私合营项目相对成熟。目前还在审议阶段的专门法如能如期出台，国内各类公私合营项目的管理法制化将迈出一大步。即便有专门法的支持，国家公园特许经营项目很可能还会面临着新部门分割管理的问题。譬如，未来顶层设计的国家公园管理体制与公私合营管理体制可能会形成部门职能交叉。国家公园特许经营项目要实现高效落地，管理机构获得法定授权是基本前提[①]。政府需出台相应的法律法规，明确国家公园主管机构对园内特许经营活动的法定管辖权。

在国家公园特许经营项目管理中，国家公园主管机构、地方国家公园管理单位、地方政府对不同特许经营项目的审批、监督和财务管理的权力分配和配置将直接影响特许经营管理体系的绩效。集中化的管理模式（如美国）容易产生管理成本消耗高、响应能力下降、质量监督低效等问题；而去中心化的管理模式（如加拿大）容易引致生态保护目标脱靶、特许经营项目发展失控等弊端。中国在设计特许经营机制时，怎样在集中化和去中心化之间开创更合适的方式，合理设置特许经营主管机构和安排权力关系，将事关整个特许经营管理的执行力和行政效率。

3.3.3　经费管理与"竞争—公益"取向选择

"收支两条线"机制下，国家公园管理单位的特许经营管理积极性不高，会影响特许经营的管理效率；而"经费留存机制"则将国家公园管理单位的管理绩效与特许经营费挂钩，可提高管理单位的管理积极性，这当然也对特许经营费的财务日常管理和监管能力有更高要求。在国家公园特许经营项目体量不大的情况下，中国可能面临的问题是：能否在"收支两条线"机制下，建立有效的激励国家公园管理单位积极性的机制，以实现公益目标取向下的有效激励？

另外，欧美国家的国家公园运营成本、政府财政投入规模等运营变量相对稳定，特许经营项目总利润预期也比较清晰，十分有利于确定需招标的特许经营项目的类型和数量。事实上，特许经营资金机制，如上缴财政的特许经营费和面向参观者收取使用费的形成机制，与政府的公共财政投入水平直接相关。目前，中国国家公园体制改革稳序推

---

① 中国具有行政许可权的主体主要包括两类，一是依据宪法和行政组织法而享有法定职权的行政机关，二是法律、法规授权的具有管理公共事务职能的组织。现行的公共事业特许经营立法一般将政府和政府授权的公共事业主管部门作为公共事业特许的授权主体，这符合组织法和相关法律法规的规定。

进。建设前期，国家公园体制试点区虽在规划、研究、建设等方面已获政府财政的支持，但只有在中央及各级地方政府明确各自建设国家公园可配置的公共财政投入规模后，各国家公园管理机构才能根据建设运营所需成本，设计出兼具必要性和合理性的特许经营项目规划。

3.3.4　"政府—企业"契约关系及其监督管理

国家公园特许经营以政府—企业（不限于）合法契约关系的确认为前提，针对特许经营制度中先天存在的"不对等合同关系"，引入招评标机制、监督合同履行、纠纷和追责处理的信息公开、公正和连续性就显得十分关键。

国外国家公园特许经营管理常遇到监管跟踪内容不明确、合同审查期过长、项目信息公开不足、财务信息管理不足等问题。究其原因，这与合同管理中监管主体、对象、内容和方式不明确有关，还与监管过程不持续以及监管基础能力薄弱（如信息管理系统缺位）有关。这些问题若处理不当将导致政府管理成本增加、管理效能下滑。因此，中国国家公园特许经营制度也会面临如何在合同及财务监管制度设计中实现监管统一、公开、系统、快捷和持续等现实问题，以及如何建立社会共同监管机制的问题。

特许费定价模式、资产价值估算、评标模型的选择应当考虑如何在维系生态和资源保护的前提下，优选并激励企业参与竞争。国家公园特许经营具有不完全竞争的属性，中国国家公园体制试点区及其他自然遗产地的原有特许经营企业在经验与能力、有形资产、无形资产等方面占相对优势，但不可忽视其在顺应未来以项目为单位的特许经营管理模式（而非整体特许）面临的挑战。应处理好原有契约和未来特许招评标的关系，减少制度变迁的成本。

3.3.5　特许经营的社区反哺机制

与西方国家公园情况不同，中国国家公园体制试点区内常住人口通常较多，国家公园的经营发展同时交织着社区发展问题，因此特许经营制度设计需考虑社区反哺机制。应当配套设计适宜的特许评标规则，向解决园内原住民就业有贡献的特许申请人给予一定的政策倾向，同时保障社区居民拥有一定的参与经营活动的优先权。因此，确定地方社区所需的政策倾向、特许经营优先权及能力培养则成为社区反哺机制设计中的重要事项。

第 4 章　普达措国家公园体制试点区案例

4.1　试点区概况

4.1.1　历史沿革

　　普达措国家公园体制试点区是我国探索国家公园体制改革最早的区域之一。1990年代末，受美国大自然保护协会（The Nature Conservancy，TNC）等国际组织和国内外学术界的影响，云南省政府和迪庆藏族自治州政府开始推进国家公园模式的引入。2006年，迪庆州政府成立了普达措国家公园。肇始之初，普达措开启了由地方政府发起、非政府组织和学术界共同参与的国家公园探索之路，具有科学研究先行、视野国际化的特点。

　　然而，在自下而上的国家公园治理模式探索中，普达措国家公园出现了保护资金不足、科研提升乏力和游憩发展质量降低等问题，管理主体权能、公共财政支持、法律法规保障等方面亟须突破。2008年，国家林业局正式批准成立普达措国家公园，随后制定出台了《香格里拉普达措国家公园管理条例》（2014年）和《普达措国家公园总体规划（2010—2020年）》，其治理逐渐走向规范化。2015年，普达措被列入中国首批国家公园体制试点区。2016年，《香格里拉普达措国家公园体制试点区试点实施方案》通过国家发展和改革委员会专家评审，逐渐迈向自上而下的国家公园管理模式（图4-1）。

4.1.2　范围与区划

　　普达措国家公园体制试点区范围东至硕贡，与四川省交界；南至洗脸盆丫口，跨"三江并流"国家风景名胜区；西至属都岗，跨"三江并流"风景名胜区、碧塔海自然保护区；北至哥拉，与四川省接壤，位于东经 99°54′16″—100°11′42″、北纬 27°43′42″—

28°04′33″，总面积为 60210 公顷。试点区范围覆盖建塘镇、洛吉乡、格咱乡三个乡镇的
5 个村委会中的 43 个自然村，共 6600 余人。

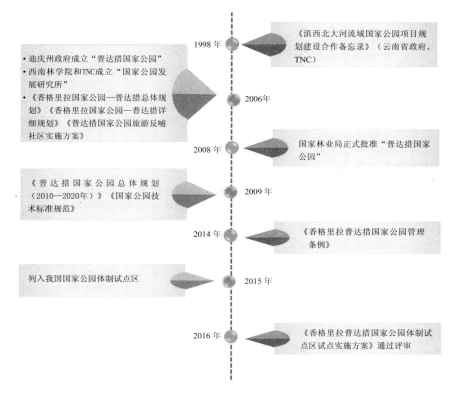

图 4-1　普达措国家公园大事记

　　根据《香格里拉普达措国家公园体制试点区试点实施方案》，试点区划分为 4 个功
能区。其中，严格保护区为碧塔海省级自然保护区的核心区、缓冲区、尼汝一带核心资
源区域和南宝古冰川遗迹区域，占试点区总面积的 26.2%。生态保育区分布于严格保护
区外，占总面积的 65.8%。游憩展示区为其他河谷地带、高原湿地湖泊外围、高山草甸、
藏民族原始村落、碧塔海自然保护区成果展示廊等地区，占总面积的 4.58%。传统利用
区包括洛茸、尼汝村等传统社区生产、生活区域，占总面积的 3.4%。

4.1.3　资源优势与权属结构

1. 资源优势

　　全球三个生物多样性保护热点地区的交汇区。试点区是除喜马拉雅山地、印缅地区

外，位于中国西南山地中的三个生物多样性热点区的交汇区域，是具有全球意义的生物多样性保护区域。

国内发育最完好的硬叶常绿阔叶林生态系统。试点区是中国亚热带西部和西南部青藏高原东南线及横断山脉地区所特有的硬叶常绿阔叶林的核心分布区域。

风貌独特的高原山湖游憩资源群落。试点区以森林景观为主体，雪山奇峰为骨架，碧潭清溪为脉络，藏、汉、回民俗风情和宗教圣迹点缀其间，构成了一幅动态美与静态美相协调、自然与人文景观浑然一体的生动画卷，游憩价值极高，是中国西部不可多得的自然风光区（表4-1）。

表4-1　普达措国家公园体制试点区旅游资源

大类	类型	资源
地文景观	岛屿	碧塔海湖心小岛
水域景观	湖泊湿地	碧塔海、属都湖
	河流湿地	属都岗河、尼汝河
	沼泽湿地	碧塔海沼泽地、弥里塘湿地
生物景观	草甸	地基塘草甸、乐孜坪草甸、弥里塘草甸、岗擦坝草甸、吉利谷草甸、五彩草甸
	植被	云杉林、冷杉林、大果红杉林、白桦林、高山柳林
	植物景观	云南红豆杉、油麦吊云杉、云南榧树、金荞麦、金铁锁、松茸、延龄草
	动物景观	黑颈鹤、赤麻鸭、麻鸭、绿头潜鸭、海鸥、中甸叶须鱼、春夏季"杜鹃醉鱼""老熊捞鱼"、林麝
天象与气候景观	自然天象	碧塔海日出景象、朝霞晚霞景观、碧塔海云雾、秋冬季云野雪景
遗址遗迹	人类活动遗址	碧塔海湖中岛上的土司府、白教寺庙、碧塔海海尾
建筑设施	宗教建筑	嘛呢堆、白塔
	居住地与社区	藏族民居、洛茸村
人文活动	节日庆典	丹巴日古节、昂曲节、格冬节、藏历年
	艺术	木圣土岩画、东巴教木牌画、纸牌画、象形东巴古籍
	民风民俗	献哈达、敬酒迎客、火塘文化、火葬或天葬等丧葬习俗、锅庄舞、弦子舞、神山神湖神泉祭拜仪式
	宗教文化	藏传佛教文化
旅游商品	地方旅游商品	藏药、野生菌类、青稞酒、银饰器具、木雕、陶器、酥油等

2. 土地权属

试点区中林业用地 554.43 平方千米，占总面积的 92.1%；非林业用地 47.67 平方千米，占 7.9%。其中，严格保护区国有土地（林地）121.6 平方千米，占 77.0%，集体土地（林地）36.3 平方千米，占 23.0%；生态保育区国有土地（林地）348.4 平方千米，占 87.9%，集体土地（林地）48.1 平方千米，占 12.1%；游憩展示区和传统利用区全部为集体土地（林地）。

4.2 试点区的经营发展

4.2.1 经营权演变历程

1990 年代以来，随着香格里拉·普达措知名度的提高，参观者数量快速增长，资源环境面临的生态压力不断增加。经过 20 余年的艰难摸索，普达措国家公园内经营活动组织模式经历了从经营权内部转让，到整体转让，再到部分转让的演变历程，不同阶段背景下选择了不同的资源保护与利用方式。

1. 经营权内部转让阶段（1993—1999 年）：缓解保护经费压力，自养创收

1984 年，云南省人民政府正式批准将碧塔海自然保护区列为省级自然保护区，同时成立保护区管理所。保护区的建立有效遏制了林区乱砍滥伐现象，高原湿地生态系统和原始森林得到了保护。但是，省级自然保护区一直管理经费紧张，为提升管理和自养能力，开始探索开展对保护区环境影响较小的、非消耗性的环境资源利用方式。1993 年，香格里拉县森林旅游公司在碧塔海正式成立，作为国有景区企业在保护区开展生态旅游项目，修建了人马驿道、停车场、公共厕所等基础设施。

2. 经营权整体转让阶段（2000—2003 年）：提升经营管理水平，政府退出

由于香格里拉森林旅游公司管理专业化水平和经营效率不佳，增加了政府的管理投入，2000 年香格里拉县政府将公园内的经营权整体转让给天界神川公司。

3. 经营权部分转让阶段（2004—2009 年）：分担经营风险，政企合作

在天界神川公司整体经营阶段，基础建设工程无法推进，最终项目终止。为减少社会资本经营带来的不确定风险，提高建设发展项目的成功率，香格里拉县政府开始积极推动政府—企业合作模式。2004 年，县政府从天界神川公司收回经营权后，组建了"香格里拉生态旅游有限责任公司"。当时，普达措旅业公司隶属于碧塔海公园管理局，保护区的旅游业务由保护区管理机构统一管理，经营业务交由公司负责，门票收入质押，作为还贷和补充保护区自身发展的资金。2006 年，"香格里拉生态旅游有限责任公司"更名为"普达措旅业公司"。这一模式框架一直延续至今。

4. 经营权企业分包阶段（2010 年至今）

普达措旅业公司将公园内的酒店、餐厅、零售等业务分包给社会资本，但因服务质量监管机制缺失，顾客投诉较多，影响了普达措旅业公司的整体形象。尤其是社区居民原来从事的烧烤、骑马等零散的经营活动统一叫停，转由企业经营，造成社区、企业和政府间利益激化。2010 年，普达措国家公园门户社区出现了集体堵卡、私拉游客和在景区门口群众性静坐的情况，造成了不好的社会影响。一般社会企业在社区利益协调上的乏力在普达措国家公园凸显。2016 年至今，为摆脱单一景区门票经济模式，推动多元化经营，普达措旅业公司逐渐收回景区内经营性项目，成立了业务拓展部，自主发展洛茸悠幽庄园酒店、弥里塘餐厅、碧塔海西线汉堡餐厅、沿线商品服务站等经营性项目。

4.2.2　经营性项目现状

1. 接待规模与收入

自 2006 年迪庆州政府成立"国家公园"以来，普达措的参观者接待规模和收入加速增长。年接待数量从 47 万人次增加到 137 万人次，增长了 191.49%；总收入从 4271 万元增加到 3.17 亿元，增长了 642.21%（图 4-2）。

2. 经营项目类型

普达措国家公园经营项目主要包括公园门票、园区交通、酒店、餐厅、零售五大类：

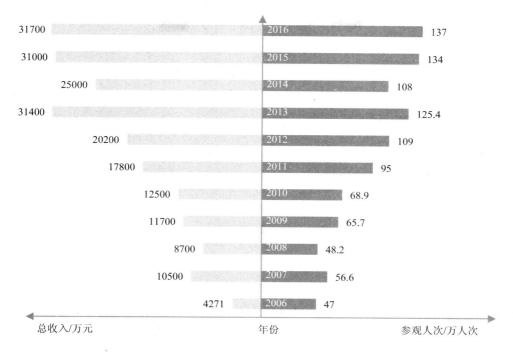

图 4-2　2006—2016 年普达措国家公园接待规模与收入

注：普达措国家公园管理局与普达措旅业公司提供的接待收入数据不一致。

——公园门票。普达措国家公园门票从 2006 年的标准票 110 元/人，通票 190 元（含游览车票 80 元/人），调整为 2013 年的标准票 138 元/人和通票 258 元/人（含游览车票 120 元）。门票是普达措国家公园（普达措旅业公司）最主要的收入来源。2016 年的门票总收入为 2.8 亿元。

——公园交通。（1）游览车：普达措国家公园参观环线单行道全程 69 千米，景区游览便捷性和通达性大大提升。当前，园内有通景电瓶车 95 辆。2016 年共收入 1.56 亿元观光车费，为全园第二大经营性收入项目。

（2）游船：普达措国家公园内属都湖、碧塔海开展有游船项目，经历了从木船、汽船到天然气船的变化过程。2016 年，碧塔海游船项目停开。目前，属都湖仍有两个轮船在运营。2016 年的游船票收入为 2943.61 万元，为国家公园第三大经营性收入项目。

——餐厅。普达措国家公园内有弥里塘餐厅和碧塔海西线汉堡餐厅。2006 年，普达措旅业公司将这两家餐厅外包给丽江佶石有限公司。因顾客投诉较多，2016 年开始转为合作经营方式。根据合同，若年收入低于 200 万元，佶石有限公司需向普达措旅业公司缴纳 18 万元租金；若年收入高于 200 万元，则需向普达措旅业公司缴纳 18 万元租金和总收入的 10%。2016 年，普达措旅业公司从两个餐厅共得经营收入 403.93 万元。

——酒店。普达措国家公园内有一家酒店——悠幽庄园（原"兰亭逸品酒店"），位于洛茸村腹地，原也由普达措旅业公司外包给丽江佶石有限公司。2016 年，洛茸兰亭逸品酒店被收回，更名为"普达措悠幽庄园"。根据最新协议，70%的酒店上缴利润用于社区反哺，其余的 30%用于酒店的修缮和发展。经协商，酒店需雇佣本地雇员（现 5 人均为洛茸村民）。酒店对洛茸村的社区反哺由普达措旅业公司保底，确保 33 户住户每户每年获得补贴 2 万元，共计 66 万元。

——零售点。普达措国家公园内共有 4 个零售区，其中属都湖 2 个、碧塔海和门景区各 1 个，以售卖食品、饮料、服装、旅游纪念品为主。2014 年，其他商户退出，改由公司统一经营。2016 年，园区商品零售收入共计 220.66 万元。

——租赁及其他。2016 年，普达措国家公园租赁收入共 8.49 万元，其他各类收入共 122.84 万元。

3. 经营项目收益

普达措国家公园 2016 年的经营性收入达到了 2.88 亿元，其中主要以门票收入、观光车及游船收入为主，共占总收入的 97.37%（图 4-3）。

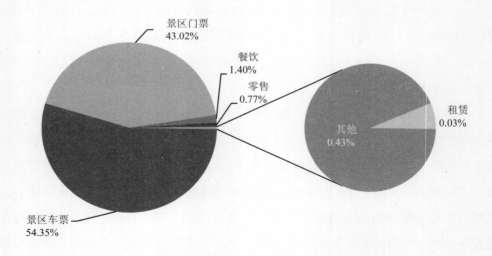

图 4-3　2016 年普达措国家公园经营性收入构成

注：本图基础数据由普达措旅业公司提供。

事实上，园区的经营性项目具有明显的低成本、高回报的特征，毛利率多数在 65%以上，其中观光车、游船两项高于 90%[①]（图 4-4）。

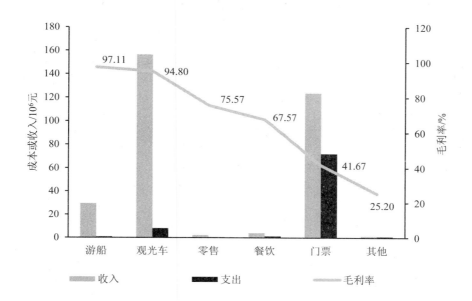

图 4-4　2016 年普达措国家公园各类经营性项目的毛利率情况

注："租赁"项目的成本数据缺失，"酒店"项目的收入和成本缺失，图中未计入。

4.2.3　管理与经营格局

1. 管理主体

试点区目前已有管理机构包括香格里拉普达措国家公园管理局、碧塔海省级自然保护区管理所、建塘国有林场和洛吉国有林场。各机构存在管理范围重叠、权责划分不明确、机构级别不统一、管理关系复杂等问题。为实现对试点区的统一管理，国家公园体制试点区整合香格里拉普达措国家公园管理局和碧塔海省级自然保护区管理所，以香格里拉普达措国家公园管理局为试点区的统一管理机构，为迪庆州人民政府管理的正处级事业单位，接受迪庆州人民政府的领导和云南省国家公园管理办公室的业务指导和监督。

----

① 此结论还需要结合各项目的净利率、净资产收益率等指标来综合深入分析。

普达措国家公园管理局下设办公室、规划科、保护科、社区协调科、生产经营科、计划财务科等科室，其中社区协调科负责社区硬件设施和文化发展规划管理、社区利益补偿协调和兑现合同补偿金、社区与生产经营公司之间的矛盾纠纷协调等、社区牧区和生产经营活动的监管；生产经营科主要负责公园内的经营项目管理。

2. 经营主体

普达措国家公园体制试点区内的经营性项目主要由普达措旅业分公司负责。该分公司隶属于国有独资公司迪庆州旅游发展集团有限公司（图4-5），前身是香格里拉县人民政府于2004年批准成立的"香格里拉生态旅游有限责任公司"。2006年普达措国家公园成立后，该公司更名为"迪庆州旅游开发投资有限公司普达措旅业分公司"，注册资本6500万元，负责碧塔海景区的资产及经营管理、景区建设等工作。2016年，其净利润达1.93亿元。

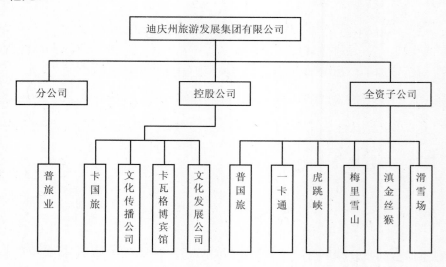

图4-5　迪庆州旅游发展集团公司组织架构

说明：普旅业即普达措旅业分公司，普国旅即普达措国际旅行社，一卡通即迪庆旅游一卡通结算服务公司，虎跳峡即迪庆州香格里拉虎跳峡旅游经营有限公司，梅里雪山即德钦梅里雪山国家公园开发经营有限公司，滇金丝猴即维西滇金丝猴国家公园经营有限公司，滑雪场即滑雪场旅游经营公司，卡国旅即迪庆卡瓦格博国际旅行社经营管理有限责任公司，文化传播公司即迪庆梦幻香格里拉旅游文化传播有限责任公司，卡瓦格博宾馆即德钦县卡瓦格博宾馆有限责任公司，文化发展公司即香格里拉文化发展有限公司。另外，旅游商品开发分公司和委托香格里拉公路管理总段管养的双桥收费站和香洗公路的全额资产管理单位不在图中。

4.3 主要经营问题

4.3.1 管理困局：项目、收入与合同质量监管乏力

普达措国家公园体制试点区实现了管经分离，但从范围、收入、质量、合同等管理方面看，国家公园管理局对园内经营服务活动的管理存在以下不足：

对经营活动的规制缺位。国家公园管理局对园内开展经营活动的类型和数量缺乏科学规制。在没有经营计划的情况下，经营活动的开展缺乏科学依据，且管理局对旅业公司新增或变更经营项目的监管执行力有待提升。

对经营收入的管理缺位。普达措旅业公司经营性收入采取收支两条线。收入全部上缴集团总公司，管理局对普旅业经营收入没有监管能力，除了社区反哺资金由州财政拨付给管理局，再通过管理局下发给社区外，管理局无法掌握国家公园经营性收入的实际情况。

对经营质量的监管不足。由于管理保护经费的缺乏，目前公园内经营服务质量的监督管理主要由普达措旅业公司负责，出现了监督职责划分不清的问题。管理局在商品质量、设施维护、游客安全与投诉等方面的实际作为有限。

政企合作缺乏合同保障机制。政府委托国有独资公司迪庆州旅游发展集团有限公司下设的普达措旅业公司在国家公园内组织开展所有经营性项目，未通过正式契约文件来确定，经营范围、数量、期限、项目位置等内容都无明确规定。政府、企业责任划分也不清晰。不对等的"政府—企业关系"容易引致经营性项目泛化、企业承担项目风险过高。尽管在云南省林业厅、普达措国家公园管理局、社会各界以及普达措旅业公司的自我约束下，普达措国家公园的经营性项目泛化现象不是很突出，但普达措旅业公司多年来投入大量经费和人力成本处理社区反哺，却依旧矛盾不断。由于路径依赖，模糊的责任关系为今后经营权的变更带来了潜在困难。

4.3.2 经营困局：门票依赖、项目单一、负担沉重

高度依赖门票收入，公益性功能亟须提升。普达措国家公园体制试点区经历了很长的保护资金短缺期，保护经费不足导致公园内部自然资源遭受破坏，促成了由经营企业

担负保护区部分保护和维护成本的格局，而企业将成本通过门票和车船费再次转嫁给参观者。门票是国家公园为保障生态环境质量而采取的控制游人数量的调节手段之一。根据国家公园的公共属性，阳光、空气、河流、海岸、湖泊、山川、草地等国有资源应由国民自由享用，以此体现公益性。从经营性收入结构上看，普达措国家公园体制试点区基本仍处于门票经济阶段，依赖公众对国有山川、阳光、湖泊等自然资源的享用需求，征收进入费，有悖于国家公园的公益性方向。

经营性项目单一，服务专业化水平亟待提高。由于依赖于门票和交通等垄断性收入，长期稳定的高回报率反而降低了普旅业自主创新和品牌发展意识，20余年在导览、住宿、餐饮等方面都未形成具有社会影响力和竞争力的自主品牌，服务专业化水平已难以适应当前旅游市场竞争环境。

集团公司负担沉重，运营效率亟待提高。普达措旅业公司与总公司实施收支两条线管理。从迪庆州旅游开发投资公司总部和 13 家分公司利润情况来看，仅普达措旅业公司和卡国旅两家公司有盈利（图 4-6）。公园经营性项目所得收入均全数上缴迪庆州旅游开发投资有限公司，也就意味着普达措旅业公司通过垄断性经营普达措国家公园内资源（门票和交通两大收入），供养着整个迪庆州旅游开发投资公司。由于优质资产和业务较少，影响了整个集团公司的运营效率。国家公园管理局、普旅集团、迪庆州旅游发展集团公司、迪庆州政府等对普达措国家公园体制试点区经营性收入的管理职能划分不尽合理。监管机制的缺乏也影响了企业的降本增效。

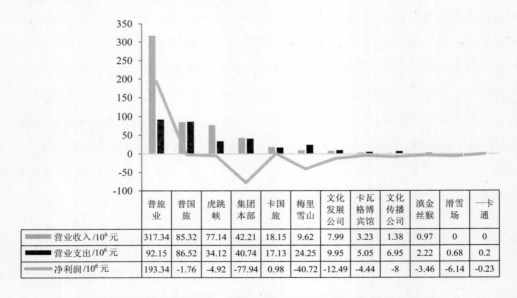

	普旅业	普国旅	虎跳峡	集团本部	卡国旅	梅里雪山	文化发展公司	卡瓦格博宾馆	文化传播公司	滇金丝猴	滑雪场	一卡通
营业收入/10⁶元	317.34	85.32	77.14	42.21	18.15	9.62	7.99	3.23	1.38	0.97	0	0
营业支出/10⁶元	92.15	86.52	34.12	40.74	17.13	24.25	9.95	5.05	6.95	2.22	0.68	0.2
净利润/10⁶元	193.34	-1.76	-4.92	-77.94	0.98	-40.72	-12.49	-4.44	-8	-3.46	-6.14	-0.23

图 4-6　迪庆旅游开发投资有限公司各分公司经营现状对比（2016 年）

4.3.3　社区困局：长期纠结反哺谈判、缺乏内涵式发展意识

社区反哺机制尚需科学化。2006 年以来，根据《普达措国家公园旅游反哺社区实施方案》，公园对建塘镇、洛吉乡两个乡镇的红坡村、九龙村、尼汝村三个村委会的 23 个村民小组共 870 户农户开展了惠民反哺工作。反哺对象主要是 2006 年以前在原碧塔海西线、南线及属都湖从事牵马活动和在公园内从事烧烤、租衣等经营活动的群众。为规范园内各种经营活动的管理，国家公园管理机构引导村民退出牵马、烧烤等经营活动并进行经济补偿。划定三类区域[①]，通过按农户户均和人均以现金直补的方式进行补偿。2008 年 6 月至 2017 年 4 月，第一轮反哺资金达到 5993 万元，第二轮反哺资金五年间预计达到 9000 万元左右，两轮利益反哺资金总计达 1.5 亿元。居民普遍对社区反哺政策较为支持，但对反哺政策的了解并不深入，更不清楚公司经营的实际情况。由于尚未建立成熟的长效利益补偿机制，随着游客数量和经营投入的增加，经营者和居民对经营利润期冀水涨船高。在开展第二轮旅游反哺社区的工作中，出现了公园社区群众高诉求与公园利益补偿标准落差较大的情况。反哺纠纷问题经常性出现。

表 4-2　普达措国家国家公园社区反哺方案

分区	面向村落单位	人口	反哺政策
一类区	洛茸、基吕、夏浪、次吃丁共 4 个村民小组	108 户，514 人	在原有户均 5000.00 元补偿的基础上，人均年补助增加 2000.00 元
二类区	红坡村：吾日、浪顶、落东、扣许、崩加顶 5 个村民小组；九龙村：九龙上组、九龙下组、高峰上组、高峰下组、干沟组、大火塘组、联办组、司家沟组、大岩洞组、马家丫口组、花椒坪组 11 个村民小组；两个村共 16 个村民小组	474 户，2023 人	户均年补助 500.00 元，人均年补助 500.00 元
三类区	尼汝村：普拉组、尼中组、白中组共 3 个村民小组	118 户，641 人	户均年补助 300.00 元，人均年补助 300.00 元

[①] 普达措国家公园第一轮反哺工作的具体内容及标准：一类区按户均 5000 元/年，人均 2000 元/年，洛茸退出经济活动补偿 10 万元/（年·户）；一社退出经济活动补偿 25 万元/年，同时给予在校学生教育补助：高中 2000 元/（人·年）、专科 4000 元/（人·年）、本科 5000 元/（人·年）；教育补助 37 万元；二类区按户均 500 元/人，人均 500 元/人，同时给予红坡村二社村容整治费 25 万元/年，红坡村三社村容整治费 16 万元/年，九龙村 6 个村民小组村容整治费 25 万元/年；三类区按户均 300 元/年，人均 300 元/年，村容整治费 20 万元/年；另外公园每年安排社区公益建设调剂补助资金 45 万元。

社区居民的经营参与质量有待提高。公园内的经营活动由普达措旅业分公司垂直管理。园内社区家庭收入主要分为三部分：一是饲养牛羊、卖酥油等传统生产收入；二是反哺收入；三是就业收入（部分居民在公园内就业[①]）。由于民俗、宗教、饮食等文化特色挖掘不足，原住民手工艺品、农副产品、土特产等方面尚未出现成功的高附加值旅游商品。以反哺收入为基础的收入结构，户均 5 万元左右的收入基本满足和保障了居民的生活质量，居民自主创业、深度参与国家公园的意愿并不强烈。

对原住民自主经营缺乏有效监管。公园入口处曾汇聚了烧烤、租衣、饮食等零售店，近几年本地居民利用自建房屋，经营小吃、零售、特产、首饰等零售业务，共有 32 家零售店面。由于和普达措旅业公司社区反哺谈判失败，洛茸村成立了社区服务部，服务部将经营权整体出租给承包商来换取租金。社区服务部越过公园管理局进行经营授权，普达措旅业公司也无权限制社区经营活动。社区经营活动处于管理缺位状态，经营活动不规范，商品和服务质量无法保证。

4.4　制度变革诉求

4.4.1　厘清管理权和经营权关系，提升经营管理效能

解决国家公园管理主体的缺位问题，提高管理机构的经营管制能力。当前国家公园体制试点区内的经营活动由普达措旅业公司整体经营，自然资源经营权流转过程中国家公园管理局的管理缺位，致使经营活动特许、资金、质量、安全等工作实际由经营主体承担，经营主体越位，亟须厘清权责关系，开展特许经营项目管理，加强法律法规建设，明确国家公园管理局在国家公园经营活动管理上的权威地位（田世政和杨桂华，2009），确定由国家公园管理机构代表国家和社会公众对公园内经营活动行使特许经营派发权、监督权和管理权，实现经营权与管理权的分离。

解决国家公园经营主体的越位问题，规范受许企业的经营行为。应改变由一个企业获得国家公园经营性项目整体许可的现状，推进国家公园特许经营活动的规范化管理，尽快出台国家公园特许经营实施方案。公园内的经营活动由管理机构作为唯一特许派发

---

① 根据反哺政策，公园内每户出一人当环卫工。

主体，以项目为单位派发特许许可，作为经营主体的企业不得将业务转租、承包给其他主体经营，推进合同管理机制，建立更科学的"政府—企业合作"关系；应改变国家公园特许经营费征收政策不明晰、国家公园管理局不能监管经营性收入的情况，实现管理局对特许经营的收支管理。

4.4.2　引入市场竞争机制，提升服务质量与效率

改变长期垄断经营的局面，吸引优秀企业参与竞争。首先，应根据经营性项目属性，吸引更多优秀企业参与市场竞争，改变由一家企业完全垄断经营的局面。其次，应通过设计优选规则，推动相关企业剥离不良资产和落后经营的环节，凝聚专业优势，实现自主创新，从而提高公园内经营活动的服务质量与效率。

规范发展环境友好型项目，提高经营性活动的专业化水平。科学处理生态保护和科学利用的关系，通过编制《国家公园特许经营试点方案》，明确生态保护优先目标下的经营性项目的类目、位置和范围。普达措国家公园体制试点区特许经营项目的专业化发展指向如下（图 4-7）：

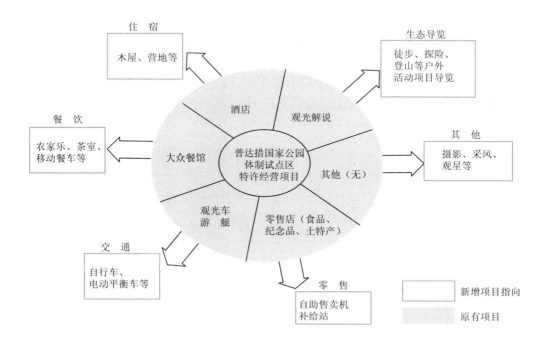

图 4-7　普达措国家公园体制试点区特许经营项目指向

（1）原有经营性项目的提质增效：提升导游生态解说能力，符合国家公园生态保护目标的酒店、餐厅、观光车、游艇、零售店等经营性项目，通过竞争性优选程序向优质企业或个人派发经营许可。

（2）自然导览服务的人本化、专业化：鼓励具有明显生态示范价值的自然导览类项目的多样化发展，发展徒步、探险、登山等户外活动或面向特殊社会群体（如儿童、大学生、老年人等）的活动项目导览服务。

（3）住宿餐饮服务的生态化、专业化：严格限制园内大型固定资产投入项目的进入，科学布局具有生态保护示范价值的露营地、木屋等低碳住宿业态；发展移动餐车、茶室等环境影响小、布局灵活的餐饮服务业态，容许利用集体宅基地和集体建设用地，通过授权经营、收购等方式开展必要且符合环境容量的特色农家乐等餐饮服务。

（4）交通服务的低碳化、专业化：向公园参观者提供更亲近自然的自行车、电动平衡车等低碳交通工具租赁服务，提高公园内参观者的自然体验质量。

（5）零售服务的品质化、专业化：科学布局一定数量环境影响较小、质量有保障的自助售卖机和综合补给站，吸引优质户外装备企业提供更专业化的户外租售服务。

（6）其他服务的灵活化、专业化：依托优美的自然生态环境本底，公园可为自然爱好者提供观星设施设备租赁、解说等服务，也可为采风、摄影等活动提供场地、设备等各种专业化的服务项目。

4.4.3　多方位推进社区反哺，实现共享共促

由于长期信息不完全公开，社区反哺一直是园区内社会矛盾的焦点。应在规范特许经营收入管理的基础上，建立特许经营收入信息公开制度。唯有实现收入公开透明，原住民与政府、经营者之间形成互信基础，建立以收入为基础的浮动反哺机制就更有利于实现社会协调。同时，特许经营项目优选规则中应考虑竞标者对解决原住民就业、教育、培训等方面的贡献情况。

第 5 章　中国国家公园特许经营管理体制

5.1　指导思想与基本原则

5.1.1　指导思想

全面贯彻党的十九大提出的"建立以国家公园为主体的自然保护地体系"及相关文件精神，紧扣"建立国家公园体制，实行分级、统一管理，保护自然生态和自然文化遗产原真性、完整性"的总体思路，坚持生态保护第一、国家代表性、全民公益性的国家公园理念，统一规范管理国家公园内国有自然资源经营利用活动，着力构建管理科学、运营高效的国家公园特许经营管理体制和运营机制，进一步完善特许经营的保障机制，为国家公园实现国家所有、全民共享、世代传承的目标愿景提供坚实支撑。

5.1.2　基本原则

生态优先、绿色发展。国家公园特许经营管理应融入生态文明建设思想，坚持生态环境与遗产资源保护的优先地位，积极鼓励生态友好型特许经营项目的发展，严格禁止对生态环境和遗产资源可能造成破坏性影响的特许经营项目。

公众受益、社区反哺。特许经营活动应在公共游憩、自然文化教育、科研科普等方面具有明确公益价值，确保社会公众是国家公园特许经营活动的直接受益方，并有利于原住民生存与发展。

集中统一、规范高效。依法授权专门机构对国家公园特许经营活动实施集中管理，完善法律保障体系，加强风险防控能力，确保国家公园内特许经营管理的系统性和稳定性，提高管理效率和服务水平。

精准有序、公开公正。依法科学制订国家公园特许经营项目计划，针对不同产权关系下自然资源的经营权有序开展分类转让，禁止整体转让或承包。完善既有法律法规，明确国家公园管理单位、特许经营受许人、相关机构组织在特许经营项目管理中的职责义务，建立公平正义的特许纠纷解决、信息公开、价格形成和公正合理的特许费用征收机制，加强内部监督和社会监督，推动社会共治。尊重和保护自然资源产权，政府和特许经营者任何一方违约都应担负违约责任[①]，建立健全政府失信责任追究制度及责任倒查机制，加大对政务失信行为的惩戒力度。

5.2　发展目标

5.2.1　公众获得更佳享受

国家公园内所有特许经营项目对体现国家公园的公共利用和享受是必要且适当的。所有特许经营项目应能提高公众对国家公园的利用率和认同度，并以维系自然与文化遗产的原有价值和不降低体验质量为前提。

5.2.2　经营服务更加高效

确保国家公园内所有特许经营项目实施过程中的相对竞争性，科学设置竞争程序，吸引有竞争力和创新力的企业加入国家公园建设，为公众提供更好的特许经营服务。实施环境影响评估，坚持科学规划，保障所有特许经营设施与服务的科学性、稳定性和可持续性，加强质量、卫生监督管理和调控机制，保障经营服务的质量和水平。加强特许程序与规则的设计，实施分类特许，加强对续签项目的约束管理，禁止出现资源"整体转让、垄断经营"及"上市"等与国家公园性质相违背的经营项目[②]，引导扶持地方性小微企业或个人参与特许经营事业。积极发挥特许经营服务的社区福祉效用，对国家公园内原住民参与经营或就业的特许经营项目给予扶持。

---

① 根据《中共中央 国务院关于完善产权保护制度依法保护产权的意见》。
② 整体转让、上市等方式将产生部分资源消耗性项目，易导致环境破坏、遗产资源价值损耗等问题，并滋生新的管理治理问题。

5.2.3　保护能力得到提升

鼓励发展生态示范效益突出的特许经营项目，公众通过参与体验进一步凝聚生态保护意识。建立有效的特许经营管理部门激励机制，推动管理机构特许经营管理能力和生态保护能力的同步提升。

5.3　特许范围、方式与路径

5.3.1　业务范围

坚持生态保护优先的原则，提高国家公园内的自然资源利用效率与质量，对国家公园内资源的非消耗性利用行为进行规范管理；对所有权与经营权可以分离的自然资源资产，根据国家公园建设目标和相关法律法规，由国家公园管理机构以项目为单位通过特许使用的方式，引入市场竞争机制，吸引社会资本参与经营利用[1]；对于国家公园内资源环境空间的各类体验活动实施规定数量、时间、范围的一般许可使用，在保护自然资源环境的同时保障公众体验质量。

特许经营项目的范围限定为餐饮、住宿、生态旅游、低碳交通、商品销售及其他等六类经营服务业态。每个特许经营派发项目必须明确划定严格的空间范围，并遵循严格的数量管理（表 5-1）。

表 5-1　中国国家公园特许经营的业态范围

基本类型	主要特许经营项目
餐饮	大众平价餐馆、特色小吃店、饮料店、移动餐车及其他不影响国家公园可持续发展的餐饮供应点
住宿	酒店、民宿、露营地及其他不影响自然生态环境、可持续性的住宿接待项目
生态旅游	公园特色导览服务、山地运动、极限运动、水上（冰上）项目、农业观光、特色村点旅游及其他不影响生态可持续性的生态旅游活动
低碳交通	自行车、电瓶车、游船、骡马及其他园内必要且对资源环境不造成负面影响的交通工具、道路、停车场及码头等项目
商品销售	旅游商店、旅游补给站、综合旅游商店等
其他	拍摄、采风、节庆、观星等活动的许可

---

[1] 本书主张，应区分国家公园政府购买支付与特许经营的项目范围，实现所有权与经营权的分离，两者不存在"公共财政支出未满额情况下，超出部分的财政支出应补贴特许经营项目"的判定。

1. 住宿

国家公园内必要的、适当的可为参观者提供住宿且不影响自然生态环境、可持续性的住宿接待项目，如酒店、民宿、木屋、露营地等住宿服务项目。

2. 餐饮

国家公园内必要的、适当的可为参观者提供餐饮服务且不影响自然生态环境、可持续性的餐饮供应点，如餐馆、小吃店、饮料店、移动餐车等餐饮服务项目。

3. 生态旅游

国家公园内可开展对于自然生态环境与文化具有积极传承和示范价值的特色体验项目，如公园特色导览、山地运动、水上（冰上）活动、极限运动、特色村点深度文化游及其他不影响生态可持续性的旅游活动。其中"特色导览服务"主要指自然解说、文化解说、探险向导等特色游览服务；"旅游特色村点项目"应限定在原住民居住区内开展，禁止一切可能带来生态环境负面影响的村点体验项目。

4. 低碳交通

国家公园内必要且对资源环境不造成负面影响的交通项目，如自行车、电瓶车、游船、骡马及其他交通工具，道路及泊车、码头等交通设施。低碳交通也可以是特色导览服务的支撑体系。

5. 商品销售

国家公园内根据公众游览需求配置的必要的、适当的零售服务项目，包括：（1）旅游商店：经营范围主要限定为土特产品、民间工艺品、旅游图书及音像制品等旅游纪念品；（2）旅游补给站：经营范围主要限定为生活用品、食品、饮料、户外用品等；（3）综合旅游商店：含以上两类经营范围。

6. 其他

除以上服务业态外，活动者在国家公园内开展对资源环境不造成负面影响的影视拍摄、采风、观星、节庆等活动需获得准许。为便于集中统一管理，维护生态保护优先的国家公园管理目标，建议将"活动许可"纳入广义的特许经营项目范围。

国家公园内体现公益性的科普教育培训、科学研究、保护管理设施、基础设施、医疗服务等项目不纳入特许经营范围，由政府购买支付。

国家公园内原住民传统利用自然资源过程中伴生的商业经营行为不属于特许经营管理范畴，属于一般商业利用。

5.3.2　特许方式

根据美国、加拿大等国家公园特许经营服务管理的经验，结合中国国情，国家公园内所有经营服务项目均需符合国家公园总体规划和特许经营实施方案相关规划，并通过环境影响评估后方可开始特许招标。国家公园内的经营服务项目建议通过授权、租赁、活动许可的方式实施特许（表 5-2）。

表 5-2　中国国家公园特许经营的主要方式

特许资源	使用形态	资源示例	使用方式
公产类自然资源	公众自由使用	阳光、空气、河流、海岸、湖泊、山川、草地等	自由使用
	公众习惯使用	公产类自然资源附近居民具有习惯使用权，含耕种、采集等不破坏生态完整性的传统利用	传统利用
	一般许可使用	为避免使用人之间的冲突，对使用人加以限制，如对发生在自然资源空间中的参观、拍摄等行为进行特许	活动许可
私产类自然资源	特许使用	土地、森林、海域、水资源、野生动物等的再利用	授权
固定资产		国家公园内的国有用地	租赁
		国家公园内的集体用地	

注：授权经营也包括原住民依托传统利用方式获取的资源性产品经营。

1. 授权

由国家公园管理机构授权中标企业、集体或个人为公众提供指定地点、指定类型的经营服务，并依法缴纳特许经营费，禁止国家公园内一切未经授权的经营活动。

2. 租赁

特许经营者开展授权经营活动时，需租赁国家公园内已建或在建建筑或设施的，需与国家公园管理机构签订租赁合同。

国家公园内已建建筑或设施为集体或个人所有的，需依法由国家公园管理机构统一收购并予以补偿，再通过租赁形式向企业、集体或个人进行经营权转让。特许经营受许人仅能在租赁建筑及设施上开展经授权的指定经营项目。

严格禁止国家公园内以开展特许经营之名盲目新建或扩建住宿、餐饮、交通、零售等建筑或设施。严禁通过"以租代征"等方式，使用农民集体所有农用地进行非农业用途的特许经营项目建设，擅自扩大建设用地规模。

严禁特许经营者对建筑和设施进行转租。

3. 活动许可

国家公园内除以上经营服务项目外的影视拍摄、节事活动、科学研究等活动，需获得国家公园管理机构批准，依法获得活动许可，并依法缴纳特许经营费。

5.3.3　特许路径

国家公园管理机构代表政府对国家公园内的自然资源资产进行统一管理，对不同状态的经营服务项目，根据产权类型不同，实施差异化的管理路径。

1. 未经转让的经营服务项目

国有土地：国家公园内依托土地、房屋、码头等国有资产开展的经营性项目需在资产"租赁"基础上，同时获得授权方可开展经营活动。受许人依法享有地役权。

集体农用地：公园内的原住民有权在集体农用地上开展传统利用活动，但不得影响生态保护目标、改变农用地用途，不得在集体农用地上开展非农经营性项目，传统利用方式不纳入特许经营管理范围。

集体宅基地：公园内的原住民个人或集体获得经营授权后，可在集体宅基地上依法开展农家乐餐饮、住宿等经营性活动[①]，禁止外来资本进入国家公园内的原住民宅基地领域，严禁开展房地产开发、庄园会所类项目。

集体建设用地：公园内确需在集体经营性建设用地上开展的经营性项目，建议由管

---

① 根据 2017 年中央一号文件《中共中央 国务院关于深入推进农业供给侧结构性改革 加快培育农业农村发展新动能的若干意见》，在充分保障农户宅基地用益物权，防止外部资本侵占控制的前提下，落实宅基地集体所有权，维护农户依法取得的宅基地占有和使用权，探索农村集体组织以出租合作等方式盘活利用空闲农房及宅基地，增加农民的财产性收入。

理局征收^①，依托土地、房屋等集体资产开展的经营性项目需在"租赁"基础上，同时获得授权方可开展经营活动；不依托固定资产的经营项目，需获得授权方可开展经营活动。准予特许经营项目的集体经营性建设用地必须是存量集体经营性建设用地，严禁盲目新增集体经营性建设用地范围，坚守耕地红线不突破的底线。受许人依法享有地役权。

其他：不依托各类土地及其固定资产的经营性项目，需获得授权方可开展经营活动。

2. 已转让的经营服务项目

国有土地：国有土地上已开展的经营性项目，经营权已经转让给社会资本的，由地方国家公园管理局统一对原有经营者进行资产评估和回购后，设置优选规则，面向社会进行重新招标。依托土地、房屋、码头等国有资产开展的经营性项目，需在租赁基础上，同时获得授权方可开展经营活动；不依托固定资产的经营性项目需获得授权方可开展经营活动。

集体宅基地：原住民利用宅基地开展的农业经营服务项目，已通过协议、股份合作等形式转让经营权的，则需收回经营权，并取得国家公园管理局经营许可后，方可开始经营活动，严禁外来资本进入。

集体建设用地：已经以出租、出让、转让、抵押等方式转让给社会资本的住宿、餐饮、零售等经营性项目，如符合相关法律规定且确需继续开展的，建议由政府征收，不符合相关法律法规的依法责令停止。

试点期，原经营者同等条件下，享受续约优待。

5.4　机构建设

5.4.1　主管机构

依法授权中国国家公园中央归口管理机构——自然资源部国家公园管理局为国家公园特许经营管理主体，代表国家对国家公园内的特许经营行为行使管理权^②。国家公

---

① 案例分析显示，若由原住民社区作为特许主体，通过协议、股份合作等形式委托其他企业经营，容易引致价格猛涨、市场持续混乱、产品质量管理低效等问题。

② 中国具有行政许可权的主体主要包括两类，一是依据宪法和行政组织法而享有法定职权的行政机关；二是法律、法规授权的具有管理公共事务职能的组织。现行的公共事业特许经营立法一般将政府和政府授权的公共事业主管部门作为公共事业特许的授权主体，这符合组织法和相关法律法规的规定。

园管理局依法享有行政优益权[1]。

　　国家公园管理局和各地方国家公园管理局需下设特许经营管理机构，根据特许经营项目和特许方式类型，进行职能划分（表 5-3），具体负责统一管理国家公园特许经营日常运营工作，包括特许经营招投标、审查合约履行情况和财务活动、评估特许设施、商品与服务的质量、监督特许经营受许人的健康管理、安全管理、风险管理以及环境项目实施情况，监管并批准相关的服务定价与收费标准。

表 5-3　中国国家公园管理机构的特许经营管理模式

特许类型	主管机构			
		方案一：中央集中管理	方案二：分级分类管理	
活动许可	中央归口管理机构	优势：适用于国家公园数量较少的发展阶段；有利于强化规制，保障特许经营项目布局与派发的科学性； 缺陷：管理效率较低（特许计划、审批速度慢）、中央归口管理机构管理压力大	地方管理局 中央归口管理机构：年营业额 50 万元以上的经营性项目； 地方管理局：年营业额 50 万元以下或从业人员 10 人以下的经营性项目[a]	优势：适用于国家公园数量较多的发展阶段，有利于激发地方管理局的管理积极性，管理效率较高； 缺陷：小型项目容易增长过快，增加环境压力和地方局管理压力，小型项目服务质量无法保障
授权				
租赁			国有资产：国家公园管理局； 集体资产：地方管理局	

注：方案二的地方管理局包括省级和基层国家公园管理机构，如顶层设计为"三级治理体制"则为"三级管理"。
[a] 建议参考餐饮、住宿、商业服务业等行业划型标准，达到小微企业划型标准以上的经营类项目由中央归口部门管理，其他交由地方。

5.4.2　咨询机构

　　设置特许经营决策咨询机构——国家公园特许经营管理咨询委员会。其为国家公园管理局的下设单位，委员会成员由相关部委代表、旅游业代表、住宿接待业代表、地方局代表、地方政府代表、会计行业专家、旅游装备业专家、休闲导览专家、文化遗产界专家等构成。

　　国家公园特许经营管理咨询委员会向国家公园管理局汇报，承担评估审核各国家公园特许经营实施方案、编制全国国家公园特许经营评估报告、评估并确定特许经营费、编制特许经营标准合同、拟定特许经营管理相关规章制度等职责。

---

[1]　"行政优益权"包括"行政优先权"和"行政受益权"。

5.4.3　监督机构

国家公园管理机构应加强对国家公园特许经营活动的内部监管，树立良好形象，提高公信力。同时，应组建专门的质量监督管理部门，建立定期检查机制，评估特许经营的业务水平、资金管理、价格机制，确保向游客提供符合国家公园环境、质量、安全、卫生标准的服务和设施。评估结果将作为国家公园管理机构决定继续或终止特许关系的依据。

国家审计署依法对国家公园管理机构实施诚信监督，有权审议国家公园特许经营评估报告，出具特许经营经费管理与使用情况审计工作报告、问题纠正和处理报告，依法向有关部门通报审计情况和结果，向社会公开审计结果。

在国家公园管理机构不依法履行、未按照约定履行或者违法变更、解除特许经营协议、土地房屋征收补偿协议等情况下，特许经营受许人可根据《中华人民共和国行政诉讼法》依法提起诉讼。

第6章　中国国家公园特许经营合同管理机制

6.1　明确特许经营合同的前置环节

6.1.1　编制特许经营实施方案

各国家公园体制试点区应在国家公园试点方案和总体规划的基础上，坚持保护优先的原则，尊重并科学利用国家公园内的自然资源、景观、文化遗迹，结合国家公园功能分区和游客流量控制方案，编制《国家公园特许经营项目实施方案》。

《国家公园特许经营项目实施方案》经全国国家公园特许经营管理咨询委员会评估通过后，交由全国国家公园归口管理机构审批。

特许经营项目实施方案应当包括以下内容：（1）项目名称；（2）项目实施机构；（3）项目建设规模、投资总额、实施进度及提供产品或服务的标准等基本经济技术指标；（4）投资回报、价格及其测算，可行性分析（含环境影响评价）；（5）特许经营协议框架草案及特许经营期限；（6）特许经营者应当具备的条件及选择方式；（7）政府承诺和保障；（8）特许经营期限届满后资产处置方式及应当明确的其他事项。特许经营实施方案是各国家公园所有经营服务活动开展的主要依据。

6.1.2　构建更具适应性的管理模式

根据特许经营项目派发主体的不同，国家公园特许经营项目可由国家公园管理局实施集中统一管理，或由中央—地方管理机构根据项目属性实施分级分类管理两种模式（表6-1）。建议中国采用"分级分类管理模式"。

表 6-1　建议的中国国家公园特许经营项目合同管理模式

特许经营类型	合同管理模式（根据合同签订甲方）	
	方案一：中央集中管理	方案二：分级分类管理
授权	自然资源部国家公园管理局负责签署，可委托地方机构负责人代表签订	年营业额 50 万元以上的经营性项目：由中央归口管理机构负责签署，可委托地方管理机构负责人代表签订；年营业额 50 万元以下或从业人员 10 人以下的经营性项目：由地方管理机构负责人签订
租赁		国有资产：中央归口管理机构负责签署，可委托地方管理机构负责人代表签订；集体资产：确需开展的特许经营项目，国家公园管理机构完成征收后，由地方管理机构负责人签订
活动许可		地方管理机构负责人代表签订
方案比较	优势：有利于推进合同的规范化管理；劣势：合同管理任务繁重，降低效率	优势：有利于推进合同的专业化管理，提高管理效率；劣势：对中央归口管理机构的监管能力有更高要求，且小型项目合同的增长不易控制

6.1.3　满足项目实施的前提条件

国家公园内特许经营项目的实施一般需满足三个基本条件：

一是特许经营项目所涉及的资源资产所有权和经营权清晰，有利于经营权转让和资产交割。

二是特许经营项目符合国家公园建设目标、国家公园总体规划及相关政策法规，达到环境影响评价标准，依法获得并完成审批程序。

三是应标企业、个人或集体在项目运营期间有足够的资金保障。

6.1.4　建立公平有序的招评标机制

公平特许，成立特许评标机构。由国家公园特许经营管理咨询委员会提出不同类型项目的评标模型，明确不同项目的评标标准，评标标准需明确保护措施、服务价格、服务质量、业绩背景、特许费、社区效益等方面的要求（表 6-2）。由管理机构对潜在投标人进行资格审查，由评标委员会根据招标文件规定的评标标准和方法，科学选择指定项目的最佳受许人，及时在网站上公示中标情况，并提交上级主管部门备案。由国家公园管理机构代表与相关领域专家组成评标委员会，其中相关专家人数占比不少于评标委员成员总数的 1/3。

表 6-2　国家公园一般特许经营项目评标模型的建议指标

评标指标	指标解释
保护措施	合法合规性、环境促进计划（含保护和维护投入）、生态保护的示范价值说明、遗产与文化保护的示范价值说明、资产维护与管理计划
业绩背景	经营范围、注册资本、出资方式或受许人身份（如原住民）等
服务价格	收益取得方式，价格和收费标准的确定和调整方法等
商品和服务质量	业务能力说明（商品或产品数量、服务水平）、公共卫生措施、安全保障措施等
社区效益	社区就业贡献说明、社区经济反哺计划、社区培训计划等
风险管理计划	风险分担计划、应急预案、保险情况说明等
附加项	续签情况（与原有经营性项目关系）、创新性等

有限特许，限制特许经营项目数量。由地方国家公园管理机构依法制定并由自然资源部国家公园管理局批准《国家公园特许经营实施方案》，在坚持生态保护优先的前提下提出招标项目，对特许经营项目数量实施严格管控。

有序特许，严格特许评标程序。特许经营项目均应采取公开招标方式，实施严格程序管理，由管理机构报请上级主管部门批准与委托，提前 1 个月在报纸、试点区及上级主管部门官方网站等媒介发布招标公告，载明特许经营招标项目的性质、数量、实施地点和时间等事项和优选标准。

扶持社区，推进社区反哺。明确特许经营的社区扶持导向，在不影响特许经营项目质量的情况下，鼓励本地资本参与。

6.2　推进特许经营合同的规范管理

6.2.1　规范合同内容条款

由国家公园特许经营管理咨询委员会研究并提出特许经营合同标准范本，推动国家公园特许经营管理的规范化。特许经营合同条目应包括经营范围和区位约定、服务价格约定、服务质量承诺、特许经营就业计划、环境和文化保护计划、游客服务计划、经营设施维护保养计划、履约担保、财政报告规定、政府承诺、合同期限、合同变更等内容。

6.2.2　明确双方权利义务

特许经营合同是国家公园管理主体和特许经营受许人分别开展行政管理和运作经营的依据。特许经营受许人在经营期间履行合同内容，不得随意增加服务项目和扩大服务内容。

特许经营合同中需载明国家公园管理主体应履行的管理责任，包括日常管理、基础设施维护、服务质量监督、价格管理、安全管理等。特许经营受许人达到合同要求并无明显违规的，国家公园管理主体不得随意停止或转让其经营权。

特许经营受许人应按期向国家公园管理机构上报约定的财务、雇员等情况，不得将受许的特许经营权进行转包或分包。

6.2.3　约定特许合同服务期限

特许经营项目合同期的确定，需综合评估特许经营类型、服务规模、服务内容、生命周期、总投资量、投资回收期等因素。根据国际经验和国家公园体制试点区现状，国家公园特许经营项目合同期 3 个月到 10 年不等，建议见表 6-3。

表 6-3　中国国家公园特许经营项目建议合同期限

项目类型	建议合同期限
单一授权类项目（不涉及建筑与设施租赁）	1～3 年
复合授权类项目（涉及建筑与设施租赁）	一般为 5 年，最长不超过 10 年
活动许可类项目	3 个月到 1 年

依法签订的特许经营合同，自签订成立时生效；附生效条件的合同，自条件成熟时生效。涉及固定资产投资成本和回收期的特许经营合同，需明确合作期限间管理者和经营者各自在"建设期"和"运营期"的责任[①]。

---

① 关于合同期限中的"建设期"与"运营期"的设置：常见的项目合作期限规定方式包括以下两种：i）自合同生效之日起一个固定期限；ii）分别设置独立的设计建设期间与运营期间，并规定运营期间为自项目开始运营之日起的一个固定期限。

6.3　实施特许经营合同的流程管理

6.3.1　简化合同审批程序

加强特许经营管理机构建设，加强部门协调机制，简化审核内容，避免重复审查；积极推进特许经营合同的部门联审机制，简化评估、签订程序；严格依法管控，禁止新增行政审批，提高合同审批效率。

6.3.2　严格合同履行监督

实施对特许经营合同载明内容的全程管理，推进国家公园各级管理机构定期自查，建立审计部门审查机制，广泛接受社会监督。国家公园管理机构有权依法及时取缔对环境资源有破坏、私自扩大经营规模以及与公园核心发展理念无关的经营服务。对私自扩大经营范围，但又符合国家公园总体规划和特许经营实施方案需要的经营项目，经营扩大部分应按协议特许经营费标准加倍收取。国家公园特许经营监督情况，通过《国家公园特许经营评估报告》向全社会公开。

6.3.3　规范合同变更与续约

1. 合同到期管理

特许经营合同期限结束有两种情形：项目合同期满或项目提前终止。

附终止期限的合同，自期限届满时失效。合同到期后，特许经营受许人应停止所有经营活动，将原投资建设项目无偿移交政府①。

因特许经营协议一方严重违约或不可抗力等原因，导致特许经营受许人无法继续履行协议约定义务，或者出现特许经营协议约定提前终止情形的，经协商一致后，可以提前终止协议。特许经营协议提前终止的，政府应当收回特许经营项目，并根据实际情况和协议约定给予原特许经营者相应补偿。

---

① 资产投入的项目，合同期满后如果受让人没有获得下一期特许经营合同，其固定资产在折旧后仍有残值的，国家公园管理局或新的受让人应通过协议约定残值支付方式。

特许经营期限届满终止或者提前终止，国家公园管理局应当重新选择特许经营受许人。因特许经营期限届满重新选择特许经营受许人的，原特许经营受许人若在经营期间履约较好、服务质量好、无游客投诉等不良情况，同等条件下享有续约优先权。新的特许经营受许人选定之前，实施机构和原特许经营受许人应当制订过渡预案，保障公共产品或公共服务的持续稳定提供。

2. 合同延期管理

特许经营合同应至少约定：在"非社会资本应承担的风险"（包括"政府方违约"和"政府方应承担的风险"）导致社会资本损失的情形下，社会资本可提出延长合作期限的要求。另外，在合作期限内出现一般不可抗力情形时，社会资本也可提出延长合作期限的要求。

第 7 章　中国国家公园特许经营资金管理机制

7.1　开展特许经营权价值评估

7.1.1　资产估值

开展有形资产价值评估。涉及已有房屋、建筑等固定资产租赁的特许经营项目，进行价值评估时，应综合考虑资本改善所需的原始建筑成本、消费者价格指数、资产折旧等因素。

开展无形资产价值评估[①]。国家公园内已形成商标权、专利权等无形资产的经营性项目，建议根据收益现值法评估无形资产剩余寿命期间内的预期未来收益，按照一定的贴现率折成现值，确定被评估无形资产的价格。

开展地役权价值评估。地役权的价值评估思路依地役权的取得情况不同而不同[②]。价值的衡量是供役不动产价值的损失，即地役权的价值等于供役前的不动产价值与供役后的不动产价值之差。

7.1.2　特许经营费确定

由自然资源部国家公园管理局下设的"国家公园特许经营管理咨询委员会"组织制订特许经营项目的成本预算[③]与收益估算，综合考虑有形资产价值、无形资产价值、地

---

① 无形资产评估方法主要有历史成本法、重置成本定价法、收益现值定价法、市场定价法。根据中国国家公园体制试点区的无形资产现状，历史成本法、重置成本定价法、市场定价法的使用存在困难，建议采用收益现值定价法。
② 对于政府因公共需要通过征收取得地役权，估价时适用的经济理论基础与国家征用补偿估价基础大致相同。
③ 成本主要包括资产价值、管理成本（人力成本、垃圾处理、污染治理、园区交通、财务审核等）等。

役权价值，根据"总成本控制法"就低提取特许经营受许人经营收入的原则，特许经营项目投标人不得以低于特许经营权价值的报价投标。

国家公园原住民、集体及地方企业经认定可享受特许经营费用的折扣价。

特许经营费的数额必须在特许经营合同中载明，并只能在不可预计情况发生的条件下，才能变化。

7.2　规范特许经营的收支管理

7.2.1　实施部门预算管理

根据《政府非税收入管理办法》，为规范国家公园特许经营收入的分配秩序，维护国家公园的"公益性"，自然资源部国家公园管理局组建后，由各国家公园管理单位编制单位预算，汇总到中央管理部门编制部门预算，特许经营收入全额纳入部门预算进行管理，支出按基本支出、项目支出进行编列，实现特许经营收入和支出之间脱钩，严禁各地方国家公园管理机构"坐收坐支"。

7.2.2　严格资金用途管理

地方国家公园管理机构作为特许经营收入执收部门，需严格按照规定的特许经营项目、征收范围和征收标准进行征收，足额上缴国库，不得多征、少征或擅自减征、免征，并对欠缴、少缴收入实施催缴。

上缴国库的特许经营收入只能用于国家公园生态保护、设施维护、社区发展及日常管理。

因特许经营收入征管产生的管理和监督费用，作为成本补偿性政府非税收入实行部门预算管理，用于政府（或相关部门）履行公共职能所需的成本性开支。

涉及固定资产租赁、转让产生的资产（资源）性政府非税收入，实行一般预算。

相关收支内容由全国国家公园归口管理机构向社会公开。

7.2.3　建设收缴电子化平台

对接实施政府非税收入收缴电子化的管理要求[①]，全面推行国家公园特许经营项目

---

① 参见《关于加快推进地方政府非税收入收缴电子化管理工作的通知》。

收缴电子化管理。根据《政府非税收入收缴电子化管理接口报文规范（2017）》，将特许经营收入接入全国统一缴款渠道，参观者进入国家公园的所有消费活动通过统一平台支付，推动执收程序的规范化，实现全程监控。

7.2.4　开展征管质量考评

将国家公园特许经营收入征管水平纳入国家公园管理单位的考核内容。对征管工作做出突出贡献的单位或个人给予表彰，对不作为和乱作为的依法予以处理，同时将国家公园特许经营征管情况纳入部门考核范围。

7.3　完善特许经营的价格管理

7.3.1　实行政府指导价

国家公园特许经营项目受许人有权按照政府价格管理的相关规定，向参观者收取项目服务费用。国家公园内所有特许经营项目的价格不得高于市场价，实行政府指导价，由政府规定基准价和浮动范围，特许经营项目受许人根据经营情况制订具体价格。

7.3.2　规范价格调整

国家公园特许经营项目价格如需调整，应由特许经营受许人、国家公园管理机构、监管部门等向价格主管部门提出书面申请，也可以由有定价权的价格部门或其他有关部门根据有关价格法相关规定，直接提出定价或调价方案，并由价格部门组织听证。

7.3.3　推动信息公开

国家公园特许经营价格方案批准后，由价格部门向社会公众公布，在政府网站及其他媒体上发布公告，并组织实施监督。特许经营项目定价公告中需明确所提供的服务和产品的价格构成要素。

第 8 章　中国国家公园特许经营保障机制

8.1　完善支持保障体系

8.1.1　出台条例办法

国家应出台《国家公园特许经营管理办法草案》和《国家公园特许经营收入管理与使用办法》，明确中国国家公园特许经营内容范畴和特许经营项目类型，更好地保障和指导国家公园特许经营，使其有规可依。

8.1.2　加强质量管理

明确产品与服务技术规范标准。为保障国家公园所提供经营服务质量水平，增强参观者体验质量和对国家公园的认同感，自然资源部国家公园管理局应组织制定《国家公园经营服务技术规范》，特许经营合同中应载明特许经营受许人所需提供的服务数量和质量标准，逐步推进质量认证工作。

引导国家公园访客服务的专业化。设置优选规则，遴选在招标项目领域中业绩突出、有竞争力和创新力、形象良好的优质企业参与国家公园特许经营，积极推动营地、户外装备、自然导览等特色访客服务的专业化，鼓励专业化生态服务企业的连锁经营。依托国家公园特许经营项目的实施，加快推进中国生态服务型企业的成长，促进自主品牌的形成。

建立全国国家公园信息管理平台。为公众提供查询、预定、支付、评价、投诉通道，建立全覆盖的支付系统，便于与国家公园管理局和商业管理部门对各项目经营现状进行快捷、实时跟踪管理；向全社会公开相关政策文件以及经营项目、受许企业、年度收支等情况，接受全社会监督。

加强部门监督和社会监督。地方国家公园管理机构应定期对特许经营项目的经营规模、经营性质、经营质量、价格、环保、卫生、安全等方面进行核查。凡发现对环境资源有破坏、私自扩大经营规模以及与公园核心发展理念无关的经营服务，应及时采取措施，实施警告，严重者暂停合同。中央及省级国家公园管理机构、审计部门应不定期对特许经营项目进行抽查评估，可委托第三方中介开展评估，主要围绕服务质量与标准、不动产改建与维护、公共健康、危机管理四方面内容进行评估。评估结束后形成《国家公园特许经营项目评估报告》，向全社会公开。

8.1.3　改善社区福祉

坚持信息公开原则，赢得原住民信任。在国家公园特许经营收支信息、注册信息公开透明的基础上，确保原住民的知情权、参与权、发展权和监督权，增进原住民与国家公园管理者、经营者的相互理解和信任。

建立浮动反哺机制，实现共享共促。实施保护地役权，对于国家公园内原住民基于保护目标的生产、经营等行为限制，以不降低原住民生活质量为目标，建立补偿机制。根据实际特许经营的利润情况和地役权评估结果，按比例设置社区反哺资金。由固定资产租赁、转让产生的资产（资源）性政府非税收入，实行一般预算管理，通过浮动性的反哺机制推进原住民和社会大众共享共促。

长期扶持引导，提升社区发展能力。国家公园内的特许经营项目应向原住民个人及集体倾斜。加强对原住民生产经营能力的引导，由国家公园咨询管理机构及第三方组织不定期开展相关培训活动，提升原住民生态保护意识、市场开发和经营管理能力，积极孵化具有鲜明原住民社区特色的商品和服务，提升原住民文化认同感和凝聚力，增进社区福祉。

8.2　加强风险防控管理

8.2.1　开展风险评估

科学分析国家公园在特许经营中存在的运营、合同和社会风险等各类风险，识别各类风险的生成条件，确定风险防范级别，由国家公园地方管理机构负责定期向自然资源部国家公园管理局提交风险自查报告，建立风险防范自评机制。

8.2.2　实施风险管控

运营风险管控：防范有危害国家公园公共设施、全民公益性和社区发展机会的经营行为。提升国家公园紧急救援能力，针对突发的游览安全、食品安全等事故，采取现场处理、转移安置、医学救援相结合的方式，有组织、有秩序地及时疏散和转移受威胁人员。

社会风险管控：国家公园管理主体在代表公众利益的同时，要保障特许经营受许方得到合理收益，同时关注国家公园内原住民利益诉求，确保利益分配向公园原住民群体适度倾斜。维护社会稳定，做好受影响群众矛盾纠纷化解和法律服务工作，防止出现群体性事件。

8.2.3　提升纠偏能力

特许经营协议存续期间若发生争议，国家公园管理机构和受许方在争议解决过程中，应当继续履行特许经营协议义务，保证特许服务的持续性和稳定性。

国家公园管理机构和特许经营受许人任何一方违约都应担负违约责任。依法建立健全政府失信责任追究制度及责任倒查机制，《国家公园特许经营管理办法》规定违约责任和处理办法，加大对政务失信行为的惩戒力度。

对于特许经营中仍存在较难化解的问题，在双方自愿的前提下，可将争议交由非司法机构的仲裁庭进行裁判。待双方满意裁决结果后，可再签订补充协议。

8.3　强化人才技术支持

8.3.1　按需设岗，保障专业管理能力

根据国家公园对特许经营管理人才的新需求，设置专业管理岗位，引进财务、会计、法律、金融等相关领域人才，逐步实施专业技术岗位聘任制和考核激励机制，提高国家公园特许经营的专业化管理水平。

8.3.2　终身学习，提高人员专业水平

各级国家公园管理机构应加强对管理人员、特许经营者的教育、培训和实践交流，逐步培养造就一支思想政治素质高、依法行政能力强、专业知识丰富的经营服务与管理人才队伍。

8.3.3　柔性引进，完善人员层次结构

广拓人才补充渠道，设置客座研究员、特聘专家等柔性工作岗位，通过合作研究、聘用兼职、人才派遣、考察讲学等多种途径，吸引在特许经营领域卓有影响力的高层次人才，为国家公园特许经营服务质量的提升提供智力支持。

8.3.4　广纳志愿者，优化服务人员结构

推进国家公园志愿者活动，吸引全世界优秀志愿者参与中国国家公园建设，使志愿者服务成为国家公园经营服务的有益补充。

参考文献

[1] 安超. 2015. 美国国家公园的特许经营制度及其对中国风景名胜区转让经营的借鉴意义[J]. 中国园林，（2）：28-31.

[2] 崔国清. 2009. 中国城市基础设施建设融资模式研究[D]. 天津：天津财经大学.

[3] 董志强. 2008. 制度及其演化的一般理论[J]. 管理世界，（5）：151-165.

[4] 方言，吴静. 2017. 中国国家公园的土地权属与人地关系研究[J]. 旅游科学，（3）：14-23.

[5] 黄超. 2011. 中国自然垄断行业的行政法规制研究[D]. 长沙：中南大学.

[6] 黄进. 2009. 构建风景名胜区特许经营制度的思考[J]. 经济体制改革，（5）：158-161.

[7] 黄腾，柯永建，李湛湛，等. 2009. 中外 PPP 模式的政府管理比较分析[J]. 项目管理技术，（1）：9-13.

[8] 景婉博. 2016. 国外特许经营的演变及其理论基础根据[J]. 经济研究参考，（15）：9-54.

[9] 柯武刚，史漫飞. 2004. 制度经济学：社会秩序与公共政策[M]. 韩朝华，译. 北京：商务印书馆.

[10] 旷虎. 2013. 我国公共事业公司合作模式研究[D]. 广州：中山大学.

[11] 李海涛. 2016. 政府特许经营模式下的电网投资体制构建[J]. 管理世界，（1）：178-179.

[12] 李培升. 2012. 自然文化遗产的政府规制与特许经营合同研究[D]. 北京：中国社会科学院.

[13] 刘一宁，李文军. 2009. 地方政府主导下自然保护区旅游特许经营的一个案例研究[J]. 北京大学学报（自然科学版），（3）：541-547.

[14] 马俊驹. 2011. 国家所有权的基本理论和立法结构探讨[J]. 中国法学，（4）：89-102.

[15] 马梅. 2003. 公共产品悖论-国家公园旅游产品生产分析[J]. 旅游学刊，（4）：3-46.

[16] 马雪松，张贤明. 2016. 政治制度变迁方式的规范分析与现实思考[J]. 政治学研究，31（2）：5-10.

[17] 马勇，李丽霞. 2017. 国家公园旅游发展：国际经验与中国实践[J]. 旅游科学，（3）：33-50.

[18] 毛腾飞. 2006. 中国城市基础设施建设投融资模式创新研究[D]. 长沙：中南大学.

[19] 欧阳君君. 2015. 自然资源使用的理论建构与制度规范[D]. 苏州：苏州大学.

[20] 欧阳君君. 2016a. 自然资源特许使用适用范围的限制及其标准[J]. 河南财经政法大学学报，（1）：93-101.

[21] 欧阳君君. 2016b. 论我国自然资源使用特许的实施方式及其改革[J]. 云南大学学报（法学版），

（1）：70-75.

[22]　彭福伟. 2018. 国家公园体制改革的进展与展望[J]. 中国机构改革与管理，（2）：46-50.

[23]　青木昌彦. 2001. 比较制度分析[M]. 周黎安，译. 上海：上海远东出版社.

[24]　仇保兴，王俊豪. 2014. 中国城市公用事业特许经营与政府监管研究[M]. 北京：中国建筑工业出版社.

[25]　沈兴兴. 2016. 我国国家级自然保护区多方共治模式构建研究[D]. 北京：中国人民大学.

[26]　宋蕾. 2011. 中国特许取水权制度法理研究[D]. 武汉：武汉大学.

[27]　苏扬. 2017. 国家公园发展旅游的方式得到明确——解读《建立国家公园体制总体方案》方案之三（上）[J]. 中国发展观察，（3）：55-58.

[28]　苏扬. 2017. 国家公园的旅游正道——解读《建立国家公园体制总体方案》方案之三（下）[J]. 中国发展观察，（24）：41-44.

[29]　陶毅. 2009. 高速公路特许经营问题研究[D]. 南昌：南昌大学.

[30]　田世政，杨桂华. 2009. 国家公园旅游管理制度变迁实证研究——以云南香格里拉普达措国家公园为例[J]. 广西民族大学学报（哲学社会科学版），（4）：52-57.

[31]　汪昌极，苏杨. 2015. 知己知彼，百年不殆——从美国国家公园管理局百年发展史看中国国家公园体制建设[J]. 风景园林，（11）：69-73.

[32]　王芳芳. 2012. 快速城市化背景下中国城市水务产业化模式的研究[D]. 上海：复旦大学.

[33]　王霁虹，刘瑛. 2016. PPP项目的法律风险与应对——以火电项目为例[J]. 国际工程与劳务，（5）：80-81.

[34]　王毅. 2018. 开启我国自然生态保护新模式[EB/OL]. http：//sppm. ucas. ac. cn/index. php/zh-CN/kxyj/zjgd/1482-2018-01-17-00-50-07[2018-03-21].

[35]　王智斌. 2007. 行政特许的私法分析[D]. 重庆：西南政法大学.

[36]　吴承照，贾静. 2017. 基于复杂系统理论的我国国家公园管理机制初步研究[J]. 旅游科学，（3）：24-32.

[37]　吴文智. 2008. 我国公共资源依托型景区政府规制研究[D]. 上海：上海财经大学.

[38]　谢茹. 2004. 国家风景名胜区经营权研究[D]. 南京：江苏财经大学.

[39]　徐菲菲，王化起，何云. 2017. 基于产权理论的国家公园治理体系研究[J]. 旅游科学，（3）：65-74.

[40]　徐嵩龄. 2003. 我国遗产旅游业的经营制度选择——兼评"四权分离与制衡"主张[J]. 旅游学刊，（4）：30-37.

[41]　徐嵩龄，刘宇，钱薏红，等. 2013. 西湖模式的意义及其对中国遗产旅游经济学的启示[J]. 旅游学

刊，（2）：23-34.

[42] 于安. 2017. 论政府特许经营协议[J]. 行政法学研究，（6）：3-12.

[43] 张朝枝. 2017. 基于旅游视角的国家公园经营机制改革[J]. 环境保护，（14）：28-33.

[44] 张海霞，汪宇明. 2010. 可持续自然旅游发展的国家公园模式及其启示——以优胜美地国家公园和科里国家公园为例[J]. 经济地理，（1）：156-161.

[45] 张海霞. 2012. 国家公园的旅游规制研究[M]. 北京：中国旅游出版社.

[46] 张海霞，钟林生. 2017. 国家公园管理机构建设的制度逻辑与模式选择研究[J]. 资源科学，（1）：11-19.

[47] 张金泉. 2006. 国家公园运作的经济学分析[D]. 成都：四川大学.

[48] 张晓. 2006. 对风景名胜区和自然保护区实行特许经营地讨论[J]. 中国园林，（8）：42-46.

[49] 张晓. 2012. 特许经营还是垄断经营——中国世界遗产地旅游经营透视之一[J]. 旅游学刊，（5）：6-8.

[50] 张一鸣. 2014. 自然资源国家所有权及其实现[J]. 人民论坛，（1）：132-134.

[51] 郑易生. 风景名胜资源：转让经营权需慎之又慎[N]. 经济参考报，2002-08-21.

[52] 中共中央办公厅，国务院办公厅. 2017. 建立国家公园体制总体方案（中办发〔2017〕55 号）[Z].

[53] 钟赛香，谷树忠，严盛虎. 2007. 多视角下我国风景名胜区特许经营探讨[J]. 资源科学，（2）：34-39.

[54] 钟林生，邓羽，陈田，等. 2016. 新地域空间——国家公园体制构建方案讨论[J]. 中国科学院研究生院院刊，（1）：126-132.

[55] Benitez S P. 2001. Visitor Use Fees and Concession Systems in Protected Areas：Galápagos National Park Case Study[A]//The Nature Conservancy. Ecotourism Program Technical Report Series Number 3[C]. Virginia（USA）.

[56] Berkes F. 2009. Evolution of Co-management: Role of Knowledge Generation，Bridging Organizations and Social Learning [J]. Journal of Environmental Management，（5）：1692-1702.

[57] Bramwell B，Cox V. 2009. Stage and Path Dependence Approaches to the Evolution of a National Park Tourism Partnership [J]. Journal of Sustainable Tourism，（2）：191-206.

[58] Dilsaver L M. 1994. National Park Service. America's National Park System：The Critical Documents[M]. Rowman & Littlefield Publishers.

[59] Eagles P F J. 2014. Tourism concessions in National Parks: Neo-liberal Governance Experiments for a Conservation Economy in New Zealand Research Priorities in Park Tourism[J]. Journal of Sustainable Tourism，（4）：528-549.

[60] Freek J V，Robert J N，Harry C B，et al. 2008. The Evolution of Conservation Management Philosophy：Science，Environmental Change and Social Adjustments in Kruger National Park [J]. Ecosystem，（2）：173-192.

[61] GAO. 2017. National Park Service Concessions Program Has Made Changes in Several Areas，but Challenges Remain [EB/OL]. https：//www. gao. gov/products/GAO-17-302[2018-03-20].

[62] Greif A. 2006. Institutions and the Path to the Modern Economy：Lessons from Medieval Trade [M]. New York：Cambridge University Press.

[63] Harold D. 1968. Why Regulate Utilities？[J]. Journal of Law and Economics，（1）：55-65.

[64] IUCN. 2008. Governance as Key for Effective and Equitable Protected Area Systems[EB/OL]. http：// cmsdata. iucn. org/downloads/governance_of_protected_areas_for_cbd_pow_briefing_note_08_1. pdf [2017-06-20].

[65] Mcdowall L. 2015. Regarding Modernizaing the National Park Services Concession Program [EB/OL]. https：//oversight. house. gov/wp-content/uploads/2015/07/Ms. -Lena-McDowall-Testimony-Bio. pdf [2017-07-01].

[66] National Research Council. 1992. Science and the National Parks [M]. Washington DC（USA）：The National Academies Press.

[67] Office of Internal Audit and Evaluation. 2012. National Audit of Operating Revenue Leases， Concessions and Other Revenues [R]. Gatineau - Quebec（Canada）.

[68] Pfuelle S L，Lee D，Laing J. 2011. Tourism Partnerships in Protected Areas：Exploring Contributions to Sustainability [J]. Environmental Management，（4）：734-749.

[69] Schotter A. 1981. The Economic Theory of Social Institutions [M]. New York：Cambridge University Press.

[70] Soverel N O，Coops N C，White J C，et al. 2010. Characterizing the Forest Fragmentation of Canada's National Parks[J]. Environmental Monitoring and Assessment，（1）：481-499.

[71] Spenceley A. 2009. Public Private Partnership Policies and Processes：Namibia and South Africa[A]//Proceedings of Tourism Forum on Public Private Partnerships [C].

[72] State Services Commission. 2016. Performance Improvement Framework：Follow-Up Review of the Department of Conservation[R].

[73] Thompson A. 2008. Concesssion in Namibia's Protected Areas[R]. African Safari Lodges Program Report. Rosebank（South Africa）.

[74] Thompson A，Massyn P J，PendryJ，et al. 2014. Tourism Concessions in Protected Natural Areas：Guidelines for Managers[EB/OL]. http：//www. undp. org/content/undp/en/home/librarypage/environment-energy/ecosystems_and_biodiversity/tourism-concessions-in-protected-natural-areas. html[2018-03-01].

[75] Turner R A，Fitzsimmos C，Forster J，et al. 2014. Measuring Good Governance for Complex Ecosystems：Perceptions of Coral Reef-dependent Communities in the Caribbean[J]. Global Environmental Change，（6）：105-117.

[76] United Nations. 2008. Guidebook on Promoting Good Governance in Public Private Partnerships [M]. New York and Geneva：United Nations：7-8.

[77] Woerdman E. 2004. The Institutional Economics of Market-based Climate Policy[M]. Amsterdam：Boston：Elsevier.

[78] Wyman M，J R Barborak，N Inamdar，et al. 2011. Best Practices for Tourism Concessions in Protected Areas：A Review of the Field[J]. Forests，（2）：913-928.

附 件

主要挑战　　　　　　　　　　　　　　　因应措施

特许经营项目范围划定与特许方式选择	如何对不同产权关系下的自然资源使用权、经营权进行更精准、规范、科学、有序转让？其他国家的多样化特许模式，在中国如何借鉴应用？	—确定面向国家公园私产类自然资源利用的五大经营业态 —借鉴授权、租赁，一般许可的主要特许形式 —实施基于产权的差异化特许路径
特许经营的法定授权及其部门关系	在特许经营管理体制设计时，怎样在集中化、去中心化之间选择更合适的方式，设置特许经营主管机构，安排权力关系？	—编制《国家公园特许经营管理办法》（明确授权关系） —实施分级分类特许项目管理模式（明确授权、租赁，一般许可的分类管理办法）
特许经营经费管理与"竞争—公益"取向选择	如何建立有效提升国家公园管理单位和居民的特许经营积极性的特许经营管理机制，实现公益目标取向下的有效激励？	—特许经营收入纳入统一部门预算管理（避免地方局"坐收坐支"） —建立特许经营质量考评机制（激励地方管理局管理积极性）
"政府—企业"契约关系及其监督管理	如何设计合同及财务监管制度以实现公开、系统、快捷和可持续的统一监管；以及如何建立社会共同监管机制？	—建立全国国家公园信息管理平台 —（整合财务管理、合同管理、质量管理、风险管理等内容板块）
特许经营的社区反哺机制	设计怎样的特许评标规则，向解决公园原住民就业有贡献的特许申请人给予一定倾向？怎样保障社区居民参与和部分经营的优先权？怎样让原住民获得公正合法的生存发展权利？应当向原住民提供怎样的能力培训机会？	—评标规则的社区效益优先原则 —浮动的原住民优先规则（以收支信息公开为前提） —原住民优先规则（尤其是集体土地租赁项目仅限原住民） —原住民能力培训（特许经营培训咨询委员会长期组织）

中国国家公园特许经营机制面临挑战与因应措施关系图

附件 2

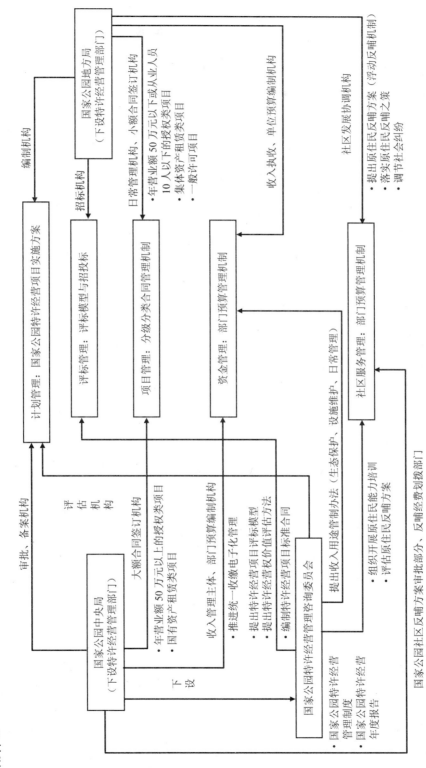

建议的中国国家公园特许经营管理路径图

附件 3

国家公园特许经营管理办法（建议稿）

第一章　总　则

第一条　为统一规范管理国家公园内的特许经营活动，提高国家公园内资源资产的经营利用水平和公众游憩体验质量，维护国家、公众和特许经营受许人合法权益，根据《生态文明体制改革总体方案》《建立国家公园体制总体方案》等有关规定，制定本办法。

第二条　国家公园体制试点区内特许经营项目的计划、审批、运营管理和监督，适用本办法。

第三条　本办法所称国家公园特许经营，是指根据国家公园的管理目标，由国家公园管理机构经过竞争程序，依法优选受许人，授权其在科学管控前提下在指定地点、期限，开展的规定性质、范围和数量的非资源消耗性经营活动。

国家公园特许经营主要集中于餐饮、住宿、生态旅游、低碳交通、商品销售及其他经营服务领域。国家公园内体现公益性的科普教育培训、科学研究、保护管理设施、基础设施、医疗服务、门票及原住民对自然资源传统利用过程中产生的商业经营服务，不纳入特许经营管理范畴。

第四条　国家公园特许经营方式包括授权、租赁和活动许可。

（一）授权，是指国家公园管理机构依法授权企业、组织或个人开展指定经营活动的行为。

（二）租赁，是指国家公园管理机构依法与获得授权经营的企业、组织或个人，签订的建筑或设施租赁合同。

（三）活动许可，是指国家公园管理机构依法对企业、组织或个人在公园内开展节庆、摄影、采风等活动颁发的进入许可。

第五条　国家公园内所有特许经营项目的实施必须坚持生态保护优先的基本原则，必须符合国家公园定位和资源保护目标，必须达到公众获得更佳享受、经营服务更加高效、保护能力得到提升的资源利用目标。

第六条　特许经营受许人在中国国家公园内开展特许经营活动，国家公园管理机构管理国家公园内特许经营事务，其他部门、机构、社会组织开展国家公园特许经营活动与政策的研究、监督、审计等工作，适用本办法。

（一）特许经营受许人，是指依法获得国家公园管理机构批准，在国家公园指定地点、规定期限内，从事指定特许经营活动，使用国家公园内的建筑与设施，开展其他指定利用活动的企业、组织或个人。

（二）国家公园管理机构，包括国家公园全国归口管理机构、国家公园地方管理机构及其他相关行政主管部门。全国国家公园归口管理机构为特许经营归口管理主体，代表国家行使对国家公园内特许经营项目的管理权。国家公园地方管理机构为国家公园特许经营活动的日常管理主体，可代行全国国家公园归口管理机构授权的部分特许经营管理职责。

（三）国家公园特许经营管理咨询委员会，是全国国家公园归口管理机构下设决策咨询单位，委员会成员由相关部委代表、地方局代表、地方政府代表、住宿接待业代表、旅游业代表、户外装备业专家、休闲导览专家、文化遗产界专家、会计行业专家等构成。

第七条　国家发展和改革委员会、生态环境部、国家林业和草原局、国家审计署等行业主管部门，县级以上人民政府依法履行对国家公园特许经营活动的监督管理职责。

第二章　准入与审批

第八条　国家公园内资源非消耗性利用活动管理实施特许经营制度，进入国家公园内从事经营活动的企业、组织或个人都需获得特许经营资格，依法办理手续后方可从事经营活动。

第九条　各国家公园应当在总体规划基础上，尊重并科学利用公园内的自然与文化资源，结合功能分区和游客流量控制方案，研究编制《国家公园特许经营项目实施方案》。国家公园总体规划和特许经营实施方案未经批准的，禁止开展特许经营活动。

《国家公园特许经营项目实施方案》应当包括以下内容：（一）实施背景；（二）指导思想与基本原则；（三）特许经营项目实施计划（含项目类型、空间布局、数量控制、特许方式、项目可行性分析、年度实施计划）；（四）特许经营项目运行管理（机构建设、招投标管理、合同管理、收支与价格管理、社会协调）；（五）特许经营项目监督管理（项目质量技术标准、内部监督机制、外部监督机制）；（六）特许经营项目保障措施（含规章制度、风险防控、人才保障）；（七）应当明确的其他事项。

《国家公园特许经营项目实施方案》需经全国国家公园特许经营管理咨询委员会评

估通过后，交由全国国家公园归口管理机构审批。

第十条　国家公园特许经营管理咨询委员会提出特许经营项目的评标模型，评标标准应当包括业绩背景要求、服务价格要求、服务质量要求、特许费、社区效益要求及附加条件等六方面。

第十一条　已经通过审批的特许经营实施方案，应当采取公开招标方式优选特许经营受许人。由地方国家公园管理机构提前1个月在国家公园及上级主管部门官方网站、媒体发布招标公告，招标公告应当载明特许经营招标项目的性质、数量、实施地点和时间等事项和优选标准。

第十二条　建立公平有序的特许经营评标机制，组建由国家公园管理机构代表与相关领域专家组成的评标委员会，专家人数应当不少于评标委员成员总数的三分之一。由国家公园管理机构对潜在投标人进行资格审查，评标委员会根据招标文件规定的评标标准和方法，科学择定项目的最佳受许人，及时在网站上公示中标情况。公示通过后由国家公园管理机构颁发经营许可，并提交上级主管部门备案。

第十三条　通过依法招标不能确定特许经营受许人的，经国家公园管理机构批准，可采取竞争性谈判方式选择特许经营受许人。

第十四条　同等条件下，国家公园原住民、当地企业、创新型生态小微企业及对原住民就业有贡献的企业享有优先权。同等条件下，原有特许经营受许人，享有优先续约权。

第十五条　国家公园内的特许经营项目通过授权、租赁、活动许可三种方式授予特许经营受许人。

（一）企业、集体或个人为公众提供指定地点、类型的经营服务需经国家公园管理机构授权，并依法缴纳特许经营费。禁止国家公园内一切未经授权的经营活动。

（二）特许经营者开展授权经营活动时，确需租赁国家公园内已建或在建建筑或设施的，需与国家公园管理机构签订租赁合同。租赁合同应明确建筑或设施的使用租期、租金、使用范围、保护、维护等相关责任和期满后的资产处置办法。

（三）国家公园内已建建筑或设施为集体或个人所有的，需依法由国家公园管理机构统一收购并予以补偿，再通过租赁形式向企业、集体或个人进行经营权转让。特许经营受许人仅能在租赁建筑及设施上开展经授权的指定经营项目。

（四）严禁国家公园内以开展特许经营之名盲目新建或扩建住宿、餐饮、交通、零售等建筑或设施。严禁通过"以租代征"等方式使用农民集体所有农用地进行非农业的特许经营项目建设，擅自扩大建设用地规模。严禁特许经营者对建筑和设施进行转租。

（五）国家公园内开展影视拍摄、节事活动、科学研究等活动，需获得国家公园管理机构批准，依法获得活动许可，并依法缴纳特许经营费。

第十六条　国家公园内依托土地、房屋、码头等国有资产开展的特许经营项目，需在资产"租赁"基础上，同时获得"经营授权"方可开展经营活动。

第十七条　国家公园原住民个人或集体依法获得"经营授权"后，可在集体宅基地上依法开展餐饮、住宿等经营性活动，禁止外来资本进入国家公园内的原住民宅基地领域，严禁房地产开发、庄园会所类项目。

第十八条　国家公园内确需在集体经营性建设用地上开展的特许经营项目，由国家公园管理机构征收，特许经营项目需在"租赁"基础上，同时获得"经营授权"方可开展。准予特许经营项目的集体经营性建设用地必须是存量集体经营性建设用地，严禁盲目新增集体经营性建设用地范围，坚守耕地红线不突破的底线。

第十九条　原住民有权在国家公园集体农用地上开展传统利用活动，但不得影响生态保护目标、改变农用地用途，不得在集体农用地上开展非农经营性项目，传统利用方式不列入特许经营管理范围。

第二十条　国家公园内国有土地上已开展的经营性项目，经营权已经转让给社会资本的，由地方国家公园管理局统一对原有经营者进行资产评估和回购后，设置优选规则，面向社会进行重新招标。

第二十一条　国家公园原住民利用宅基地开展的农业经营服务项目，已通过协议、股份合作等形式转让经营权的，需收回经营权，并取得国家公园管理局经营许可后，方可开始经营活动，严禁外来资本进入。

第二十二条　国家公园集体经营性建设用地上已以出租、出让、转让、抵押等方式转让给社会资本的住宿、餐饮、零售等经营性项目，如符合相关法律规定且确需继续开展的，建议由政府征收，不符合相关法律法规的依法责令停止。

第三章　经营管理

第二十三条　实施分级分类管理模式，全国国家公园归口管理机构应下设国家公园特许经营管理部门，负责全国国家公园特许经营事务的集中统一管理，国家公园地方管理机构负责日常管理。

（一）营业额 50 万元以上的特许经营项目，需由全国国家公园归口管理机构负责签订，可委托地方管理机构行使签订权。年营业额 50 万元以下或从业人员 10 人以下的特许经营项目由地方管理机构负责签订。

（二）涉及国有资产的租赁类特许经营项目，需由全国国家公园归口管理机构负责签订，可委托地方管理机构负责人代表签订；涉及集体资产租赁的特许经营项目由地方管理机构负责人签订。

（三）活动许可类特许经营项目，由地方管理机构负责签订。

第二十四条　国家公园特许经营管理咨询委员会需研究并提出特许经营标准合同，标准合同内容应当包括：（一）项目基本情况；（二）特许经营方式、内容、范围及期限；（三）特许经营者的经营范围、注册资本、股东出资方式和出资比例；（四）服务价格约定和服务质量承诺；（五）特许经营权使用费的收取方式和标准；（六）特许人和特许经营受许人权利和义务；（七）特许经营建筑与设施的权属与维护保养计划；（八）参观者服务计划；（九）环境和文化保护计划；（十）特许经营就业计划；（十一）环境影响评价；（十二）社会效益和社会影响分析；（十三）财政报告规定；（十四）安全管理与应急预案；（十五）履约担保；（十六）禁止事项；（十七）项目移交及临时接管的标准、方式、程序；（十八）特许经营期限届满后资产处置方式；（十九）退出机制；（二十）违约责任及争议解决方式；（二十一）政府承诺；（二十二）需约定的其他事项。

第二十五条　特许经营合同中需载明国家公园管理主体应履行日常管理、基础设施维护、服务质量监督、价格管理、安全管理等管理责任。特许经营受许人达到合同要求并无明显违规的，国家公园管理主体不得随意停止或转让其经营权。特许经营受许人应当按期向国家公园管理机构上报约定的财务、雇员等情况，不得将受许的特许经营权进行转包或分包。特许经营受许人在经营期间履行合同内容，不得随意增加服务项目、扩大服务内容。

第二十六条　特许经营项目合同期的确定，需综合评估特许经营类型服务规模、服务内容、生命周期、总投资量、投资回收期等因素。国家公园特许经营项目合同期为：

（一）不涉及建筑与设施租赁的单一授权类项目一般为1～3年；

（二）涉及建筑与设施租赁的复合授权类项目一般为5年，最长不超过10年；

（三）活动许可类项目为3个月到1年。

第二十七条　特许经营受许人应当支付特许经营权使用费。特许经营权使用费的标准由国家公园特许经营管理咨询委员会会同财政、价格主管部门制订。特许经营费全额纳入部门预算进行管理，支出按基本支出、项目支出进行编列，实现特许经营收入和支出脱钩，严禁各地方国家公园管理机构"坐收坐支"。特许经营费收入只能用于公园生态保护、设施维护、社区发展及日常管理。

第二十八条 特许经营受许人有权按照政府价格管理的相关规定，向参观者收取项目服务费用。国家公园内所有特许经营项目实行政府指导价，价格不得高于市场价，特许经营者根据经营情况制订具体价格。特许经营项目价格如需调整，必须经过价格部门组织听证。

第二十九条 特许经营受许人根据特许经营合同，依法办理规划选址、用地和项目核准或审批等手续的，有关部门在进行审核时，应简化审核内容，优化办理流程，不作重复审查。国家公园管理机构应协助特许经营受许人办理相关手续。

第三十条 国家公园管理机构和特许经营受许人应当对特许经营项目建设、运营、维修、保养等有关资料，按照有关规定进行归档保存。

第三十一条 国家公园管理机构应当定期对特许经营项目的经营规模、性质、质量、价格、环保、卫生、安全进行核查。

第三十二条 全国国家公园归口管理机构应当会同国家审计署，不定期对特许经营项目进行抽查评估，形成《国家公园特许经营项目年度评估报告》。

第三十三条 国家公园管理机构应当依法及时向社会公开以下信息，接受全社会监督：（一）《国家公园特许经营实施方案》及其他政策文件；（二）特许经营招评标文件；（三）国家公园特许经营受许人名称、属性、资质、规模、经营范围等信息；（四）国家公园特许经营收支信息；（五）《国家公园特许经营评估年度报告》；（六）其他需公开的信息。

第四章 项目的变更和终止

第三十四条 特许经营期限届满终止或者提前终止，按照本办法第十二条的规定，由国家公园管理机构重新择定特许经营受许人。

第三十五条 因特许经营合同一方严重违约或不可抗力等原因，导致特许经营受许人无法继续履行协议约定义务，或者出现特许经营协议约定提前终止情形的，经协商一致后，可以提前终止协议。

因不可抗力无法正常经营时，特许经营受许人应当向国家公园管理机构提出申请，经核准后，可以提前终止特许经营权。

第三十六条 特许经营合同有效期内，特许经营权所依据的法律、法规、规章修改、废止，或者授予特许经营权的客观情况发生重大变化的，管理机构可以依法变更或者撤回特许经营权。由此给特许经营者造成财产损失的，应当依法给予补偿。

特许经营合同提前终止的，政府应当收回特许经营项目，并根据实际情况和合同约定给予原特许经营受许人相应补偿。

第三十七条　除法律、行政法规另有规定外，国家公园管理机构和特许经营受许人任何一方不履行特许经营合同约定义务或者履行义务不符合约定要求的，应当根据合同继续履行、采取补救措施或者赔偿损失。特许经营权被实施临时接管或者提前终止后，原特许经营受许人应当在规定的时间内，将维持特许经营业务正常运行所必需的资产、档案移交给国家公园管理机构。

第五章　法律责任

第三十八条　特许经营合同各方当事人应当遵循诚实信用原则，按照约定全面履行义务。依法保护特许经营受许人合法权益。任何单位或者个人不得违反法律、行政法规和本办法规定，干涉特许经营受许人合法经营活动。

第三十九条　特许经营受许人在合同有效期内，应当履行以下职责：

（一）应当根据特许经营合同，确保相应资金或资金来源落实；

（二）应当依法提供优质、持续、高效、安全的产品或者服务；

（三）应当按照技术规范，定期对特许经营项目设施进行检修和保养，保证设施运转正常及经营期限届满后资产按规定进行移交；

（四）应当确保经营活动符合国家公园规划和国家公园特许经营实施方案要求，不破坏国家公园生态环境与资源，或者使其失去原有生态、科学、观赏价值；

（五）不以转让、出租、质押等方式处分特许经营权以及国家公园内的资源；

（六）不擅自变更特许经营内容或擅自停业、歇业；

（七）按期向国家公园管理机构上报约定的财务、雇员等情况；

（八）相关法律规章规定的其他职责。

第四十条　特许经营受许人有违反本办法第三十九条规定行为，尚未构成犯罪的，由国家公园管理机构责令限期改正、恢复原状、赔偿经济损失，并处 1 万元以上 3 万元以下罚款；情节严重的，撤销特许经营权，由国家公园管理机构实施临时接管，自被接管之日起 3 年内，该特许经营受许人不得在各国家公园内从事特许经营项目活动。

第四十一条　国家公园管理机构在合同有效期内，应当履行以下职责：

（一）制定国家公园特许经营管理的相关法规政策，审批《国家公园特许经营实施方案》；

（二）拟订招标和谈判文件，组织招标和竞争性谈判；

（三）监督特许经营受许人履行法定义务和特许经营合同情况；

（四）特许经营费执收和特许经营项目价格管理；

（五）特许经营信息公开和投诉受理；

（六）会同审计等有关部门和专家进行特许经营项目评估，组织督促整改；

（七）制订临时接管应急预案；

（八）向上级主管部门提交年度特许经营实施情况报告；

（九）相关法律规章规定的其他职责。

第四十二条　国家公园管理机构应当按照特许经营合同严格履行有关职责，为特许经营受许人运营特许经营项目提供必要的安全服务（如治安、消防等）、公共服务（如卫生、医疗、水电）和配套设施。行政区划调整，政府换届、部门调整和负责人变更，不得影响特许经营合同履行。

第四十三条　国家公园管理机构有下列行为之一，由其上级行政机关责令限期改正；尚未构成犯罪的，应对直接负责的主管人员和其他直接责任人员依法给予行政处分：

（一）国家公园总体规划和国家公园特许经营实施方案未经批准前，开发建设和实施特许经营项目的；

（二）对不符合法定条件的申请人授予特许经营权或超越法定职权授予特许经营权的；

（三）对符合招投标条件的项目，未经招标或者不根据招标结果选择特许经营受许人的；

（四）违法撤销特许经营受许人经营权的；

（五）其他不履行或者不正确履行监督管理职责，造成国家公园资源、生态环境遭到破坏、国有资产损失，或侵害行政管理相对人的合法权益的。

第四十四条　国家公园管理机构的工作人员在特许经营授权或者实施监督检查中，徇私舞弊，滥用职权，尚未构成犯罪的，依法给予行政处分。

第六章　附　则

第四十五条　本办法由国务院发展改革部门会同有关部门共同负责解释。

第四十六条　本办法自印发之日起施行。

附件 4

国家公园特许经营收入管理与使用办法（建议稿）

第一章　总　则

第一条　为规范国家公园内特许经营收入管理，提高国家公园内资源资产的经营利用水平和公众游憩体验质量，根据《生态文明体制改革总体方案》《建立国家公园体制总体方案》《国家公园特许经营管理办法》等文件规定，制定本办法。

第二条　国家公园体制试点区开展的特许经营收入征收、使用和管理，适用本办法。

第三条　本办法所称国家公园特许经营，是指根据国家公园的管理目标，由国家公园管理机构经过竞争程序，依法优选受许人，授权其在科学管控前提下在指定地点、期限，开展的规定性质、范围和数量的非资源消耗性经营活动。

国家公园特许经营主要集中于餐饮、住宿、生态旅游、低碳交通、商品销售及其他等经营服务领域。国家公园内体现公益性的科普教育培训、科学研究、保护管理设施、基础设施、医疗服务、门票及原住民对自然资源传统利用过程中产生的商业经营服务，不纳入特许经营管理范畴。

第四条　本办法所称特许经营费，是指国家公园特许经营项目通过公开竞标，确认特许经营所有权人（简称"特许经营受许人"）后，特许经营受许人在合同有效期内需向政府缴纳的特许经营使用权费。

第五条　国家公园特许经营项目收入属于政府非税收入，应全额上缴国库，纳入部门财政预算管理。

第六条　国家公园特许经营项目收入的征收、使用和管理应当接受审计监督。

第二章　征收缴库

第七条　国家公园管理局代表国家对国家公园内的特许经营项目行使管理权，采取公开竞标形式出让特许经营项目经营权，择定最佳受许人。

第八条　国家公园特许经营管理咨询委员会负责组织特许经营项目的成本预算与收益估算，根据提供产品与服务的种类、数量、市场价格、资产投入、保护投入、人力成本等因素研究确定特许经营费征收标准，向国家公园管理机构提出征收建议，由国家公园管理机构裁定特许经营费底价。

第九条　特许经营费的数额必须在特许经营合同中载明，予以公告，并组织实施监督。公告中需明确所提供服务和产品的价格构成要素。

第十条　特许经营受许人需根据合同约定，在规定时间缴纳规定数额的特许经营使用费。

第十一条　国家公园原住民、集体及地方企业经认定可享受特许经营费折扣价。

第十二条　地方国家公园管理机构征收特许经营收入时，应当向特许经营受许人开具统一印制的非税收入专用票据。

第十三条　国家公园特许经营项目收入具体缴库办法按照财政部门非税收入收缴管理有关规定执行。

第十四条　地方国家公园管理机构应当严格按规定、标准、时限或特许经营合同约定，征收和代征特许经营收入，确保将特许经营收入及时征缴到位，足额上缴国库。

第十五条　任何单位和个人均不得违反本办法规定，自行改变特许经营收入征收范围和标准，也不得低价出让特许经营权。严禁违规减免、缓征特许经营收入，或者以先征后返、补贴等形式变相减免特许经营收入。

第三章　使用管理

第十六条　国家公园特许经营收入应全额纳入部门预算。

第十七条　国家公园特许经营收入使用范围，限定为公园生态保护、设施维护、社区发展及日常管理。

第十八条　国家公园特许经营收入涉及固定资产租赁、转让产生的资产（资源）性政府非税收入，实行一般预算。

第十九条　国家公园特许经营收入征管产生的管理、监督费用，作为成本补偿性政府非税收入实行部门预算管理，用于政府（或相关部门）履行公共职能所需的成本性开支。

第二十条　地方国家公园管理机构应向上级主管部门提交国家公园特许经营项目收入使用和支出季报。

第二十一条　国家公园特许经营项目相关收支内容由自然资源部国家公园管理局向社会公开，全面推行国家公园特许经营项目收缴电子化管理。

第二十二条 将国家公园特许经营项目收入征管水平纳入国家公园管理单位的考核内容，对征管工作做出突出贡献的单位或个人给予表彰，对不作为和乱作为的依法予以处理，将国家公园特许经营征管情况纳入部门考核范围。

第二十三条 相关资金支付按照财政国库管理制度有关规定执行。

第四章　法律责任

第二十四条 单位和个人违反本办法规定，有下列情形之一的，依照《财政违法行为处罚处分条例》和《违反行政事业性收费和罚没收入收支两条线管理规定行政处分暂行规定》等国家有关规定追究法律责任；涉嫌犯罪的，依法移送司法机关处理：

（一）擅自减免特许经营费或者改变特许经营费征收范围、对象和标准的；

（二）隐瞒、坐支应当上缴的特许经营收入的；

（三）滞留、截留、挪用应当上缴的特许经营收入的；

（四）不按照规定的预算级次、预算科目将特许经营收入缴入国库的；

（五）违反规定使用特许经营收入的；

（六）其他违反国家财政收入管理规定的行为。

第二十五条 有偿取得国家公园特许经营权的企业、组织或个人，不免除其法定环境保护责任和依法缴纳其他税费的义务。

第二十六条 国家公园特许经营收入征收、使用管理有关部门的工作人员违反本办法规定，在特许经营收入征收和使用管理工作中徇私舞弊、玩忽职守、滥用职权的，依法给予处分；涉嫌犯罪的，依法移送司法机关。

第五章　附　则

第二十七条 本办法由国务院发展改革部门会同有关部门共同负责解释。

第二十八条 本办法自印发之日起施行。

声　明

　　本书所有地理疆域的命名及图示，不代表中国国家发展和改革委员会、美国保尔森基金会和中国河仁慈善基金会对任何国家、领土、地区，或其边界，或其主权政府法律地位的立场观点。

　　本书所有内容仅为研究团队专家观点，不代表中国国家发展和改革委员会、美国保尔森基金会、中国河仁慈善基金会的观点。

　　本书的知识产权归中国国家发展和改革委员会、美国保尔森基金会、中国河仁慈善基金会和本书著（编）者共同拥有。未经知识产权所有者书面同意，严禁任何形式的知识产权侵权行为，严禁用于任何商业目的，违者必究。

　　引用本书相关内容请注明来源和出处。